宠物狗训养及行为纠正图解教程

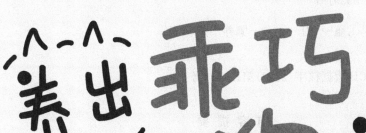
养出乖巧狗宝贝

蓝炯 …… 编著

U0262352

人民邮电出版社

北京

图书在版编目（CIP）数据

宠物狗训养及行为纠正图解教程：养出乖巧狗宝贝 /
蓝炯编著. -- 北京 ： 人民邮电出版社，2022.8
ISBN 978-7-115-59391-7

Ⅰ．①宠… Ⅱ．①蓝… Ⅲ．①犬－驯养－图解 Ⅳ.
①S829.2-64

中国版本图书馆CIP数据核字(2022)第121319号

内 容 提 要

狗狗为什么不听话？为什么不友好？为什么乱咬、乱叫、乱跳？你是否尝试过无数种办法训练狗狗，但是效果甚微，百般无奈？你是否想过为什么狗狗会这样？狗狗其实很乖、很可爱，只是它的无限潜能需要你来帮助它开发。独立训犬师、爱狗人蓝炯将以丰富的实例来帮助你解决狗狗的各种问题，为你提供简单、实用、科学的解决方案。

本书共分为六篇，涵盖了对狗狗进行行为训练所需要的基础知识，包括：为什么要对狗狗进行训练以及训犬的基本原理、工具和原则；狗狗的素质教育，包括居家礼仪、社会化以及咬力控制训练；如何做狗狗的首领；坏习惯的预防及纠正；技能训练与互动游戏；其他行为问题，包括发情期的问题以及打架的问题。

本书语言轻松活泼，案例丰富贴切，以作者身边发生的故事讲述训犬知识，非常适合准备或者已经拥有狗狗的读者阅读。

◆ 编　著　蓝　炯
　　责任编辑　魏夏莹
　　责任印制　周昇亮
◆ 人民邮电出版社出版发行　　北京市丰台区成寿寺路 11 号
　　邮编　100164　　电子邮件　315@ptpress.com.cn
　　网址　https://www.ptpress.com.cn
　　北京捷迅佳彩印刷有限公司印刷
◆ 开本：690×970　1/16
　　印张：15.25　　　　　　　2022 年 8 月第 1 版
　　字数：390 千字　　　　　2025 年 3 月北京第 7 次印刷

定价：59.80 元

读者服务热线：(010)81055296　印装质量热线：(010)81055316
反盗版热线：(010)81055315

前言

PREFACE

一、Doddy的故事

我养的第一只狗是白色的京巴，叫Doddy。Doddy在七八个月大的时候，因为咬了小主人而被前主人遗弃，然后来到了我家。那时我完全不懂养狗，因此也没有对Doddy进行任何训练。Doddy在13岁的时候，因病去世了。回顾它的一生，可以说经历了很多问题。

它咬过我家所有的人，而且下嘴都挺重，口口见血。虽然它咬人都是有理由的：有时是我们去收它的饭碗；有时是我们去收拾它不玩的玩具；有时是我们看见它睡觉的样子很可爱，摸了摸它，惊扰了它的美梦；还有一次是它看上了一只发情的苏牧，我强行把它们分开。

此外，它还不喜欢跟人类有亲密接触。它不喜欢洗脚。每次给它洗脚都像一场战斗，一不小心就会被奋力反抗的它咬上一口。它不喜欢梳毛。我只能趁它在草坪上专心鉴别气味的时候，偷偷地梳上几下。它也不喜欢剪毛。大约在它7岁的时候，外公心血来潮，自己动手给从来没有美容经历的Doddy剪毛，结果在它不停地扭动着头想咬外公的时候，不小心被剪刀剪破了舌头。它还不喜欢被人抱，这让我失去了养宠物的大部分乐趣。

在Doddy11岁时，邻居家的圣伯纳"胖妞"发情了，Doddy每天去邻居家和胖妞"调情"。有一天Doddy的好朋友——小公狗"晶晶"也来找胖妞，醋性大发的晶晶一反常态，对着Doddy就咬了一口，从此Doddy的一只眼睛失去了光明。

Doddy从不在家里大小便。这本来是好事，但也给我带来了很多不便。整整13年，无论刮风下雨，我每天都得带它出门大小便。早上，因为心疼它已经憋了一夜，我常常来不及吃早餐，甚至来不及梳洗，就赶紧带它出门。有时候晚上在外面应酬，我也总是心不在焉，回到家第一件事就是带已经憋了一整天的Doddy出去方便。虽然我很爱它，但说实话，遛狗对我来说更多的是一种沉重的责任，而不是愉快的享受。

Doddy还很挑食。因为我一整天都不在家，所以总是在上班前就给它放一大堆狗粮，以免它饿着。但实际上我到家的时候，狗粮基本上不见少。它的晚饭是我自制的，而且必须经常换花样，如果同样的饭菜给它吃超过三顿，它就开始拒食。

Doddy还很爱"管闲事"。它会对经过我家院子的每一个陌生人狂叫不止。

后来我才知道，其实关于Doddy的所有问题都是可以预防和纠正的。关键是主人要掌握相关的知识。如果时光可以倒流，我一定会做一名合格的主人，让Doddy生活得更幸福，也让Doddy和我之间的关系更和谐。

我能掌握训狗的知识，都是因为"留下"。

二、留下的故事

留下是我在2010年10月1日晚上从地铁站捡回来的流浪狗。它是博美和京巴的混血，当时大约只有6个月大。

留下刚来的时候，胆小而听话。

它什么都怕：怕生人，怕狗，怕车。只要一有风吹草动，它就立刻跑到我身边寻求保护。我根本不用担心没系牵引绳的它会跑丢。无论跑得多远，只要我喊一声它的名字，它就会马上向我奔来。当然它一般也不会跑远，总是在我身边转悠。

那时候，如果它在草地上捡到了骨头之类的垃圾，我只要一叫它的名字，它就会立即回到我身边，乖乖地让我从它的嘴里拿走骨头，扔进垃圾桶。

但是这样的一个"小乖乖"很快就变成了一个"小坏蛋"。

首先是每次我下班回来都能看到满屋狼藉：客厅的地板上到处都是我的鞋子，还有满地的垃圾，显然是从厨房的垃圾筐里搬过来的！

留下还自己发明了玩拖鞋的游戏。它经常咬着我的一只拖鞋，把拖鞋甩来甩去，还发出"呼呼"的声音。有时我觉得有趣，就把拖鞋拿来，扔到远处，它会立刻像一支箭似的"射"出去，叼着拖鞋回到我面前，让我再扔。然后它再捡，我再扔，乐此不疲。但是拖鞋游戏造成的直接后果，就是早晨起床后，我不得不一只脚穿着拖鞋跳着，从床底下或者客厅里找出另一只拖鞋。

如果说玩拖鞋还让我觉得有趣，那翻垃圾可太让人讨厌了。为了防止留下去翻垃圾，我进出厨房时不得不随手关门。但只要有哪次忘了关门，留下就会以迅雷不及掩耳之势冲进厨房，目标直接对准垃圾筐，把头埋进垃圾堆，一阵翻拣。如果幸运地找到骨头之类的东西，就会立即叼着"战利品"逃离现场，躲到小房间去美美地享受。

不知从什么时候起，留下开始对纸情有独钟，只要被它弄到一张，它就如获至宝，趴在那里又撕又咬，玩上半天。有时早上我还睡眼朦胧，而留下已经开始吵闹，我就会顺手从床头抽一张餐巾纸扔给它，换来几分钟的回笼觉。但是很快，一张餐巾纸不再满足它，它会自己到厕所的垃圾桶里捡用过的卫生纸来玩。那段时间，家里的地板上常常会出现它从厕所里翻出来的卫生纸，尤其是在家里没人的时候。后来，我只好又采取关门战术。只要出门，就必须将家里的卧室门、厕所门，当然还有厨房门关好。

另外，留下还养成了装聋作哑、不肯回家的毛病。那个只要我轻轻叫一声就立即回到身边的"小乖乖"不见了，变成了一个我喊了无数遍也不回家的"小坏蛋"。

有一天，留下和几只小狗一起在草地上玩得不亦乐乎。可能是由于口渴了，它忽然间就冲向旁边的小河，想去喝水。因为那里有个斜坡，上面都是不明深浅的淤泥，我担心它会失足掉进水里，吓得一边不顾一切地朝它冲去，一边尖叫："留下，回来！"没想到它看到我过去，却立刻发疯似地继续往河岸冲去。我吓得大叫，却根本抓不住它。在追逐了无数回合，叫到嗓子发哑后，我终于抓住了它。那时候的我受到惊吓，同时觉得它如此不听话，让我颜面尽失，于是气急败坏地对它一顿痛打。这是我第一次打它，也是最后一次。

回到家，冷静下来后，我决定买点训狗的书来看。我买的第一本书是英国的一位训犬大师简·费奈尔（Jan Fennell）写的《狗狗心事：它和你想的大不一样》（英文书名为 *The Dog Listener*，以下简称《狗狗心事》）。这本书以一个全新的视角，告诉人们应该如何从狗狗的角度理解它们的行为，用狗狗的语言和它们交流，从而用最自然的方式来训练狗狗。这是一本让我和留下都十分感谢的书。因为它，留下刚养成的几个坏习惯很快得以纠正。

看了这本书，我感觉很惭愧。以前养 Doddy 养了 13 年，我从来没有真正去了解过它是怎么想的，原来 Doddy 咬自己家里的人、对着所有的陌生人狂叫、挑食等毛病都是我自己的错误造成的。而留下表现出来的出门就"选择性失聪"、在家里"搞破坏"等毛病也是我惯的。

后来我运用书中的理论来教育留下，"小坏蛋"终于又变成了有礼貌、有教养的"小乖乖"。

但是，留下还是有一些不足之处，最主要的有两点。第一是它的性格很孤僻。它喜欢跟人玩，不喜欢跟狗玩。在整个小区里，它几乎没有狗朋友，只要别的狗狗一接近它，它就会开始龇牙。第二就是它下嘴很重。有一次外婆用手捏着它最喜欢吃的牛肉干喂它，急于吃到牛肉干的留下不小心咬到了外婆的指甲，结果外婆被咬到的指甲瘀血了几个月才好。

刚开始我以为留下生来就是这样的性格，无法改变，而咬了外婆，也情有可原。后来看了琼·唐纳森（Jean Donaldson）的*The Culture Clash: A Revolutionary New Way of Understanding the Relationship Between Humans and Domestic Dogs*和伊恩·邓巴博士（Dr.Ian Dunbar）的*After You Get Your Puppy*等书，才知道这些其实都是可以通过早期教育预防的。

简·费奈尔运用"首领理论"，让狗主人用狗的方法来驾驭狗，纠正狗狗的行为问题；而琼·唐纳森和伊恩·邓巴博士则更侧重于在幼犬刚刚踏入人类社会的时候，就教会它们如何适应人类社会的规则。如果把简·费奈尔比喻成治病救人的扁鹊，那么琼·唐纳森和伊恩·邓巴博士就好比是"治未病"的扁鹊的大哥。对幼犬进行早期教育比纠正成年犬已经养成的坏习惯要容易得多。幸运的是，我后来有机会在瓯元身上实践琼·唐纳森和伊恩·邓巴博士关于幼犬早期教育的一些重要理论。

三、瓯元的故事

瓯元是一只混血黑色贵宾犬，7个月大时，因在家里随处大小便、破坏家具以及偷吃东西等"罪状"而被送到我家来接受教育。

我设计了一套幼犬培训课程，着眼于素质教育，对瓯元进行了为期两个月的系统培训。除了对它进行了"定点大小便"以及"正确啃咬习惯的培养"这两个项目的培训，还重点进行了"社会化"以及"咬力控制"的培训。这两个项目的培训正是留下所缺乏，而且很难弥补的。因为狗狗有一个"社会化"以及"咬力控制"的"窗口期"，过了这个时期，"窗口"就会关闭，很难再对它进行培训了。而没有经过这两个项目训练的狗狗，就会像留下一样性格孤僻，甚至容易有攻击性，受到刺激时下嘴比较重，容易咬伤人。

经过培训后的瓯元，一改以前胆小害怕的模样，性格变得活泼开朗，跟任何狗狗都能玩到一起，见到陌生人也不轻易大叫，而且非常听话，招之即来。瓯元在家里也只专注于自己的玩具，不再破坏家具了。至于大小便，瓯元不但能定点大小便，而且还能在听到主人口令的时候去规定的地方大小便。总之，瓯元和培训前"判若两狗"。

但是，因为瓯元来接受培训的时候已经7个月大了，有些坏习惯已经养成，所以在培训的过程中，我不得不花费大量的时间和精力来进行纠正。

幼犬的教育最好从狗狗来到家里的第一天就开始，这样对狗狗和主人都会是一个很轻松的过程。

四、腊月、葫芦兄弟、小虫虫，以及天目山兄妹及其妈妈的故事

2017年12月5日，我在小区捡了一只两个月左右大的流浪狗，起名"腊月"。同年12月18日，有人在我家门口扔了一个黑色的垃圾袋，里面装着5只刚满月的小狗狗，我叫它们"葫芦兄弟"。2018年7月1日，我又收养了一只邻居捡到的两个月左右大的流浪狗，因为它全身长满了虱子和跳蚤，我给它起名"小虫虫"。同年10月16日，我给天目山农户家养的一只狗妈妈"小弟弟"接生，生下来的3只狗狗起名为"天天""目目""山山"。除了"目目"在两个月大的时候被好心人领养，天天和山山以及狗妈妈小弟弟最后都是我自己领养了。所有的这些小狗狗，我都从一开始就进行了各项训练，包括室内定点大小便、听令召回、啃咬习惯培养、随行、社会化训练等。和纠正成年犬的行为问题相比，对狗宝宝的训练就要轻松得多了，而且狗宝宝也学得非常快。这些狗宝宝很快就成了既活泼又听话的狗狗！

五、主人的行为造就狗狗的行为

正如美国著名的训犬师西泽·米兰 (Cesar Millan)所强调的："要改变狗狗的行为，最重要的是先改变主人的行为。"在我们发现自家的狗狗有一些毛病时，首先要想到是自己的什么行为导致了狗狗毛病的形成。

我发现，很多狗主人不懂狗狗，只是一味地用人类的方式去宠爱狗狗，结果造成狗狗的很多毛病，最终给自己带来很多麻烦，甚至会有主人因此而弃养狗狗。

因此，我决定把自己从大量训犬专业书中获得的知识，以及自己多年养狗、训狗经历中所积累的经验写下来。希望这本书能够帮助您和您的狗狗。

记住：主人的行为造就狗狗的行为！爱它，就要懂它、教育它！

六、写在再版之际

这本书的第一版（原名《汪星人潜能大开发》）2014年10月由中国轻工业出版社出版。当时我在自学了一些训犬专业书之后，对留下和瓯元两只狗狗进行了行为纠正训练，取得了很大的成功，因此写了《汪星人潜能大开发》，希望能够和大家分享我的成功经验。

一晃8年过去了。这期间，我又陆续救助和收养了10多只狗狗。我不但运用所学到的理论知识对家里的全部动物，包括所有狗狗、猫咪、鸡和小鸟进行了行为训练，还帮助了其他很多狗狗进行行为纠正训练。在这个过程中，我积累了更加丰富的经验，对狗狗的心理和行为也有了更深的了解。

2021年年初，人民邮电出版社的编辑老师通过微信找到我，希望能将这本书再版。于是，我重新审视了第一版的书，发现由于自己当时过于青涩，书中还有很多不尽如人意的地方。借此机会，我大刀阔斧地对第一版进行了修改，修改后结构和标题更加清晰明了，行文更加统一，内容更加合理。此外，编辑老师还专门请了插画师为本书画了很多精美的插画。这些锦上添花的插画不但有助于读者更好地理解本书的内容，还为阅读增添了更多的趣味性。

希望您能够喜欢这本书，并教育出您自己的完美狗狗！

作者自述

ABOUT THE AUTHOR

我是在上海的杭州人，目前有2只狗、4只猫和1只鸟。

我从小喜欢各种小动物，小时候常幻想被外星人抓去，回来后就会说各种动物的语言。能够和小动物沟通一直是我的梦想。

我有长达20多年的宠物饲养经验，先后收养过10只狗、7只猫、3只鸡、2只鸟。除了最早养的狗狗"Doddy"和猫咪"小白"，其他所有的宠物，包括3只鸡"云淡""风清""明月"，以及2只小鸟"九儿""小九儿"，在经过我的训练之后，都能够听从我的指令，和我进行顺畅互动。

京巴Doddy是我收养的第一只狗，13岁时因病离世。Doddy离世后不久，我在地铁站捡到了一只6个月左右大的流浪狗，并收养了它，起名为"留下"。留下9岁时因为一场意外去世了。

在养Doddy的13年间，我和大多数宠物狗主人一样，不懂狗，也没有对它进行任何教育，因此积累了宠物狗主人常犯的各种错误的经验，也见识了没有受过教育的狗狗会有的各种坏习惯，当然，更加了解有坏习惯的狗狗会给主人带来的各种烦恼。

自从留下到来之后，我阅读了大量国内外经典的训犬专业书，并在留下的身上进行实践；之后，又对陆续加入我家的所有宠物进行了行为训练，并且开始作为独立训犬师对狗狗进行行为纠正。让我印象最深的是训练一只会攻击陌生人的金毛"噜噜"。才1岁大的噜噜在主人面前天真可爱，在陌生人面前却因为害怕而变得非常具有攻击性。训练成功后，噜噜的主人在我的博客上留言说："自从噜噜攻击人后，我心里一直郁结难解。多亏了您，千言万语也只能说一声感谢了！"这给了我莫大的鼓励，也更让我明白了做宠物犬行为训练的社会意义。

我发现自己童年时的幻想正在渐渐变成现实：我开始懂得犬类的语言，知道如何跟它们沟通。当看到很多狗主人跟我当年养Doddy一样，因为不懂如何跟狗狗沟通，而造成狗狗的各种行为问题时，我确定了自己后半生的一个梦想：做一名优秀的训犬师，成为人类和犬类之间的沟通桥梁，帮助狗狗和它们的主人进行有效沟通；用文字传播训犬的知识，让更多的狗主人懂得如何教育自己的狗狗，从而使它们在都市里能跟人类和谐相处，摆脱被遗弃的厄运。

　　我以前的职业和宠物无关，是英语、德语翻译和管理工作。这些工作经历让我有能力阅读大量外语原版的训犬专业书，并且能够将自己的养狗经验和训犬理论相结合，归纳整理，写成这本书，让更多和我一样爱狗的人能够学会如何去教育自己的狗狗。

致谢

ACKNOWLEDGEMENT

感谢好友彭峰和冉冉，是你们的鼓励让我有勇气把自己训犬的心得写成现在这本书。

感谢在本书问世过程中给予过大力帮助的朋友们，尤其是我的好友金雅敏女士。你们让这本书的出版成为现实。

感谢我的好友孔女士和项敏女士、江涛先生和方石明先生，以及上海好伙伴训犬寄养中心的主理人兼首席训犬师Tony先生，感谢你们在这本书出版之前就愿意花时间阅读，给我真诚的肯定和宝贵的修改意见，让这本书能以更好的状态面世。

感谢人民邮电出版社的编辑老师，是您的执着让这本书在8年之后得以再版，让我有机会再认真回味我和留下当年一起训练的美好时光，同时也让我有机会完善本书。

最后，也是最重要的，感谢已经去世的留下，是你对我无条件的信任和依恋，让我开始认真探索狗狗的世界，真正开始了解已经陪伴人类漫长岁月的忠实朋友。我永远爱你！

导读

这是一本从"为什么"到"怎么样",介绍如何对狗狗进行素质教育的训犬指南,重点在于指导主人如何预防及纠正狗狗的各种行为问题。

除训犬的基本原理外,在告诉您"怎么样"解决问题前,我都会先分析"为什么"会产生这个问题;同时还用了丰富的实例来帮助理解,并增加阅读的趣味性。书中所列举的都是狗狗的一些常见行为问题,虽然不可能穷尽狗狗的所有问题,但是,如果您能理解狗狗"为什么"会产生行为问题,就可以根据实际情况,找到适合的解决方案。

本书共分为六篇,涵盖了对狗狗进行行为训练所需要的基础知识,包括:

1. 为什么要对狗狗进行训练以及训犬的基本原理、工具和原则;

2. 狗狗的素质教育,包括居家礼仪、社会化以及咬力控制训练;

3. 如何做狗狗的首领;

4. 坏习惯的预防及纠正;

5. 技能训练与互动游戏;

6. 其他行为问题,包括发情期的问题以及打架的问题。

其中第一篇介绍了为什么要训犬及训犬的基本原理、工具和原则。在您开始看其他篇前,最好先浏览一下这一篇,以便了解训犬的基础知识。如果觉得内容有些枯燥,难以消化,也没关系,因为在后文中会反复用到这一篇中讲到的知识。

如果您正准备或者刚开始养一只幼犬：

那么您可先阅读第二篇"素质教育"、第三篇"如何做狗狗的首领"，以及第四篇"坏习惯的预防及纠正"，这会有助于预防狗狗养成各种坏习惯。

如果您的狗狗已经跟您相处了较长一段时间，而且养成了一些坏习惯：

那么您可以先阅读第三篇"如何做狗狗的首领"，以及第四篇"坏习惯的预防及纠正"。

如果您的狗狗已经进入青春期（6~7个月大）：

那么您需要赶紧浏览一下第六篇"其他行为问题"，了解该篇第一章"发情期的问题"以及第二章"打架的问题"。

如果这本书能够对您和您的狗狗有所帮助，让你们相处得更和谐、更幸福，那将会是最令我感到高兴的事！祝您阅读愉快！

目录

CONTENTS

第一篇　狗狗训练基础

第一章　为什么要对狗狗进行训练

023　　第一节　您是这样和狗宝宝相处的吗

025　　第二节　为什么说这些是狗狗的坏习惯

027　　第三节　训犬的重要性

第二章　训练狗狗的三个基本原理

028　　第一节　经典条件反射

030　　第二节　操作条件反射

032　　第三节　孤立事件学习

第三章　训犬的基本工具

034　　第一节　表扬口令

035　　第二节　正确动作标记

037　　第三节　惩罚口令

038　　第四节　强化物

040　　第五节　手势和口令都需要

第四章　训犬的基本原则

042　　第一节　主人应遵守的原则

043　　第二节　技能训练的原则

第二篇　素质教育

第一章　居家礼仪训练

046　　第一节　宠物箱训练

051　　第二节　定点大小便训练

059　　第三节　啃咬习惯训练

066　　第四节　分离训练

第二章　社会化训练

072　　第一节　社交能力训练

078　　第二节　接触和操作训练

第三章　咬力控制训练

080　　第一节　咬力控制训练的意义

081　第二节　如何进行咬力控制训练

第三篇　如何做狗狗的首领

第一章　首领错位引发的错误行为

087　第一节　为守护资源而咬伤主人

088　第二节　因为缺乏安全感而产生攻击行为

089　第三节　叫不回来

第二章　做首领的标准是什么

090　第一节　首领享有的权利

093　第二节　首领肩负的责任

094　第三节　首领的基本素质

第三章　如何做狗狗眼中的首领

096　第一节　您享有首领的权利吗

099　第二节　您担负了首领的责任吗

100　第三节　您具有首领的基本素质吗

101　第四节　确认首领地位的各种仪式

第四章　如何给狗狗吃饭

102　第一节　树立首领权威

107　第二节　"猎食"天性的出口

第五章　如何带狗狗散步

109　第一节　强化首领权威

111　第二节　进行服从性训练

112　第三节　社交能力培养

112　第四节　养成良好的排泄习惯

112　第五节　燃烧过剩的精力

114　第六节　怎么带狗狗回家

第四篇　坏习惯的预防及纠正

第一章　叫不回来
116　第一节　无法召回的坏习惯是如何养成的

118　第二节　如何预防狗狗养成无法召回的坏习惯

120　第三节　如何纠正狗狗无法召回的坏习惯

第二章　不肯系牵引绳
123　第一节　狗狗不肯系牵引绳的坏习惯是如何养成的

124　第二节　如何预防狗狗养成不肯系牵引绳的坏习惯

127　第三节　如何纠正狗狗不肯系牵引绳的坏习惯

第三章　向前冲冲冲
130　第一节　狗狗前冲的坏习惯是如何养成的

131　第二节　如何预防狗狗养成前冲的坏习惯

132　第三节　如何纠正狗狗前冲的坏习惯

第四章　撕咬物品
135　第一节　狗狗为什么会喜欢"撕家"/如何预防狗狗养成"撕家"的坏习惯

135　第二节　如何纠正狗狗撕咬物品的坏习惯

第五章　抢食
138　第一节　狗狗为什么会养成抢食的坏习惯

138　第二节　如何预防狗狗养成抢食的坏习惯

141　第三节　如何纠正狗狗抢食的坏习惯

第六章　护食

143　第一节　狗狗为什么会护食

144　第二节　如何预防狗狗养成护食的坏习惯

145　第三节　如何纠正狗狗护食的坏习惯

第七章　捡垃圾吃

146　第一节　狗狗为什么会喜欢捡垃圾吃

147　第二节　如何预防狗狗养成捡垃圾吃的坏习惯

148　第三节　如何纠正狗狗捡垃圾吃的坏习惯

第八章　乞讨零食

152　第一节　狗狗为什么会养成乞讨零食的坏习惯

152　第二节　如何预防狗狗养成乞讨零食的坏习惯

153　第三节　如何纠正狗狗乞讨零食的坏习惯

第九章　桌边乞食

155　第一节　狗狗为什么会养成到桌边乞食的坏习惯

155　第二节　如何预防狗狗养成到桌边乞食的坏习惯

156　第三节　如何纠正狗狗到桌边乞食的坏习惯

第十章　偷吃东西

158　第一节　狗狗为什么会养成偷吃的坏习惯

159　第二节　如何预防狗狗养成偷吃的坏习惯

160　第三节　如何纠正狗狗偷吃的坏习惯

第十一章　挑食

161　第一节　狗狗为什么会养成挑食的坏习惯

163　第二节　如何预防狗狗养成挑食的坏习惯

164　第三节　如何纠正狗狗挑食的坏习惯

第十二章　进门扑人

167　第一节　狗狗为什么会喜欢扑人

168　第二节　如何预防狗狗养成扑人的习惯

169　第三节　如何纠正狗狗扑人的习惯

第十三章　叫个不停

171　第一节　狗狗为什么会养成叫个不停的习惯

173　第二节　如何预防狗狗养成叫个不停的习惯

175　第三节　如何纠正狗狗叫个不停的习惯

第十四章　对来客不友好

179　第一节　狗狗为什么会攻击访客

180　第二节　如何预防狗狗养成攻击客人的习惯

181　第三节　如何纠正狗狗攻击客人的习惯

第十五章　追逐车辆

184　第一节　狗狗为什么会喜欢追逐车辆

185　第二节　如何预防狗狗养成追逐车辆的习惯

185　第三节　如何纠正狗狗追逐车辆的坏习惯

第五篇 技能训练与互动游戏

第一章 技能训练

190　　第一节 训练准备

192　　第二节 听懂自己的名字

193　　第三节 坐下

196　　第四节 坐下别动&解散

198　　第五节 过来

199　　第六节 咬住及松口

201　　第七节 衔取

204　　第八节 跳上沙发&跳下沙发

206　　第九节 听令大叫

207　　第十节 听令止吠

209　　第十一节 认识家人

211　　第十二节 搜索

第二章 互动游戏

215　　第一节 衔取

216　　第二节 躲猫猫

217　　第三节 打猎

217　　第四节 摔跤游戏

218　　第五节 抓住你

219　　第六节 拔河

第六篇　其他行为问题

第一章　发情期的问题

222　第一节　发情的时间以及发情的症状

223　第二节　发情期要注意的问题

第二章　打架的问题

225　第一节　狗狗为什么会打架

231　第二节　打架的形式有哪些

235　第三节　如何避免狗狗打架

240　第四节　如何劝架

242　**结束语**

243　**附录：参考及推荐书目**

第一篇

狗狗训练基础

PART ONE

第一章

为什么要对狗狗进行训练

第一节 您是这样和狗宝宝相处的吗

在前言中，我曾提到：**主人的行为造就狗狗的行为**。下面我罗列了一些常见的主人对待幼犬的行为及其会导致的狗狗的行为。请您对照一下自己是否这样对待过自家的狗狗，以及您家的狗狗是否已经出现表中所列的行为。

主人在幼犬刚到家时期的行为	可能导致狗狗长大后的行为
自由度	
放任它在任何时间都可以在任何房间自由活动	随处大小便，啃咬家具、衣物等，偷吃食物
玩具	
没有准备狗狗的玩具，或者玩具的品种和数量很少	啃咬家具、衣物等
主人陪伴的时间	
主人每天大部分时间都和狗狗在一起	主人离开较长时间时会不停地大叫、哀鸣，刨门，啃咬家具、衣物等。
社交	
很少带狗狗出门，几乎不接触陌生狗狗和陌生人	不喜欢和别的狗狗玩，见到别的狗狗就逃跑，或者大叫，甚至攻击；或者正好相反，见到狗狗过于兴奋，见到陌生人容易大叫，甚至产生攻击行为
召唤	
把狗狗召唤到身边后没有任何奖励，甚至叫过来后打骂，或者立即系上牵引绳	不听主人召唤

续表

主人在幼犬刚到家时期的行为	可能导致狗狗长大后的行为
喂食	
把充足的食物放在狗狗面前后任由其取食，吃剩的食物也放在原处等它想吃的时候就可以吃	护食，甚至护自己的玩具、座位等，在别人包括主人企图占有这些资源时产生攻击行为；挑食
主人用餐时	
在桌边给狗狗喂食	主人就餐时在桌边乞食
主人吃零食时	
和狗狗分享	装零食的塑料袋一响，立即到主人身边来乞食
主人在沙发或床上时	
邀请狗狗或者把狗狗抱上沙发或床	狗狗自己主动跳上沙发或者床休息
问候仪式	
主人回家时狗狗扑到身上表示欢迎，主人热情回应	任何时候见到任何人都会扑到人的身上，无论对方是否喜欢
开门时	
一开门狗狗就激动地冲到门外，主人不加以纠正，而且跟在后面出门	主人每次开门的时候必须很小心，不然狗狗会立即冲出门去
出门散步	
从不佩戴或者极少佩戴项圈和牵引绳；或者拿着项圈和牵引绳去追赶狗狗，抓住它后强行戴上牵引装备	在佩戴项圈和牵引绳时极度不配合，能逃则逃

　　"狗狗长大后的行为"并非指狗狗成年后才会表现出来的行为，有时候，甚至只要一两个星期，"小天使"就会变成"小恶魔"！所以，如果您想要有一只有教养的乖狗狗，首先就要从改变自己的行为开始。

第二节 为什么说这些是狗狗的坏习惯

　　一般来说，上述列表中狗狗的行为都属于坏习惯，但这只是相对而言的。因为对于狗狗来说，其实并没有好坏行为之分，这些都是它们自然的行为。但是，由于它们现在来到了人类社会，跟主人同住在一个屋檐下，所以，**有些行为无法被主人接受，或者会影响主人的生活**。

例如扑人的行为。

这本来是狗狗从它们的祖先狼那里继承的问候仪式。它们见面时用相互嗅对方的吻部作为"熟人"之间的问候。低等级的狼更是以舔头狼的吻部表示尊敬。幼狼则会通过舔妈妈的吻部来刺激母狼反刍食物。因为狗狗要嗅到或者舔到我们人类的吻部——嘴巴必须站直身体，所以狗狗很自然地就会以扑人的动作来表示问候。

如果主人能够接受甚至非常喜欢这样的问候仪式，那么这就不是坏习惯了。但在您决定鼓励这样的行为之前，请慎重考虑在以下情景下，您是否仍然能够接受这样的行为，尤其是当您养的是一条大型犬的时候：当您满手拿着从超市买来的物品回家时，狗狗热情洋溢地扑到您的身上，让鸡蛋碎了一地；当您穿着质地考究的衣服赴宴后回家时，扑到您身上的狗狗一脸无辜地把漂亮衣服抓坏了；当您和狗狗散步时遇上了一位颤颤巍巍的老太太，热情的狗狗扑了过去，把老太太吓得跌坐在了地上；当您有怕狗的朋友来访时，狗狗还是直接往朋友身上扑……最典型的就是大型犬的扑人行为。当大型犬还是小狗狗的时候，它用扑到人身上的方式表示问候一般都会让主人觉得非常可爱，于是主人无意识地鼓励了这种行为。等到小狗狗长大了，扑人行为带来了很多麻烦时，主人才觉得扑人行为是个坏习惯。而这时如果因为狗狗扑人去惩罚它，不但对它很不公平，而且会让它很困惑：以前主人都很喜欢我扑他，为什么现在要惩罚我呢？这样纠正起来当然就更得花些功夫了！

又例如上床的行为。

这个行为本身也无所谓对错。我个人就很喜欢家里的宠物睡在我的床上，尤其是天冷的时候，有这么个毛茸茸的"恒温热水袋"在身边睡觉，真是很舒服的事。但是，如果您也跟我一样喜欢让狗狗上床睡觉，至少得事先考虑好以下几件事：您的家人是否也同意狗狗上床睡觉？您能否坚持每天都耐心地清洁家里的地面以及狗狗的身体，以保持床上的清洁？您是否能忍受床上不可避免地出现狗毛？

此外，很多人在刚养狗狗的时候，并不觉得狗狗的某种行为是坏习惯，因此无意中就用自己的行为强化了狗狗的这种行为；等到狗狗进入青春期或者成年的时候，才忽然发现自家的狗狗不知从什么时候起养成了坏习惯。

因此，所谓坏习惯就是狗狗的那些不能被主人**在所有的时间**接受的，以及不能被狗狗接触到的**所有人**接受的行为。主人在决定接受狗狗的某种行为前，一定要考虑到这两个因素。

第三节 训犬的重要性

幸运的是，狗狗的坏习惯通过训练都是可以预防和纠正的。

关键是，作为主人，我们应当尽早通过训练让狗狗了解并遵守我们希望它们遵守的一些规则，这是训犬过程中最为重要的。我把这部分训练称为"**素质教育**"。

我常常说"上过学"和"没有上过学"的狗狗一眼就能看出来，就是因为接受过素质教育的狗狗在举手投足之间就会表现出"文明"的素质来，而从未接受过教育的狗狗则会不分场合地表现自己的动物天性。

有些狗主人崇尚"放养"，他们认为对狗狗进行训练，要求它们出门一定要系牵引绳、不能扑人等是对狗狗自由和天性的扼杀。但是，这类狗主人忘记了非常重要的一点：现在狗狗的生存环境并不是丛林，而是和我们人类处在同一个屋檐下。我们把它们带入人类社会，却不去教它们如何遵守人类的规则，反而在它们违反规则的时候打骂、遗弃它们，这对忠心耿耿陪伴我们人类的犬类来说非常不负责任和不公平。我记得以前有过一些关于"狼孩"的报道。人类的孩子从小被狼抚育成人，学习的都是狼群的生存法则。等他们回到人类社会，就和这个社会格格不入了。但是我们并没有因此责怪"狼孩"，因为我们知道在他小的时候从未学习过人类社会的生存法则。我们人类自己的孩子尚且需要通过教育才能融入人类社会，更何况另一种生物——犬类呢？

通过训练，狗狗还能学会很多"技能"，最简单的如"坐下""握手""躺下"等。我把这部分训练称为"**技能训练**"。技能训练虽不如素质教育重要，但可以给狗狗和我们的生活增添许多乐趣。而且，有些服从性的技能（如"坐下""别动""过来"等）还是对狗狗进行素质教育的重要工具。

总的来说，**训犬就是用狗狗能够理解的方式和狗狗沟通，从而教会狗狗遵守人类社会的一些规则，并教会它们根据主人的指令完成各种动作，进而和谐地与我们生活在一起。**

第二章

_____

训练狗狗的三个基本原理

所谓训犬，就是教导狗狗的过程。

但是，正如琼·唐纳森在 *The Culture Clash* 一书中揭示的关于狗狗的十大真相之一：狗狗的大脑只有柠檬那么大，它们不会进行逻辑思考，它们听不懂人类的语言。那么它们如何学习呢？

和所有的动物一样，**狗狗主要通过以下三个基本原理进行学习。**

第一，经典条件反射。

第二，操作条件反射。

第三，孤立事件学习。

第一节　经典条件反射

经典条件反射，就是我们所熟知的巴甫洛夫条件反射。

前苏联生理学家巴甫洛夫发现，当饥饿的狗狗看见食物时，会不由自主地流口水。后来他开始在每次给狗狗提供食物前先摇铃。结果过了一段时间后，狗狗一听到铃声，即使没有看见食物，也会开始流口水，这与它们看见食物的反应一样！

食物是一种**非条件刺激**。狗狗**看见食物流口水**的本能反应，叫作**非条件反射**。铃声本来是一种中性的刺激，不会引起流口水这种反应。但多次重复先让狗狗听到铃声，然后立即提供食物的过程，狗狗的大脑里就建立了铃声和食物之间的联系，所以当狗狗一听到铃声，即使没有看见食物，也会产生和看见食物时相同的反应——流口水。这时候，铃声就成为一种**条件刺激**，而**听见铃声流口水**的反应就称为**条件反射**。

经典条件反射在训犬中主要用于让狗狗能对人类的指令产生反应。

例如当训犬师手拿食物在狗狗眼睛上方的位置逐渐向头顶移动的时候，狗狗为了看见食物会不由自主地由站姿变成坐姿。如果训犬师每次先发出"坐下"的口令，然后立即拿出食物诱导狗狗坐下，重复几次之后，即使不看见食物，听到"坐下"的口令，狗狗也能立即坐下。在这个例子中，**食物是非条件刺激**，看见食物坐下是非条件反射。经过训练之后，"坐下"这个口令就成为和食物相关联的**条件刺激**，听见"坐下"的口令就坐下的反应就是**条件反射**。

另外一个典型的例子就是每次在给狗狗食物奖励之前，先进行口头表扬，如"乖宝宝"。这样狗狗以后只要听到"乖宝宝"，即使没有食物奖励，狗狗也会产生和得到食物奖励相同的愉快反应。在这个例子中，**食物是非条件刺激，得到食物产生愉快的反应是非条件反射**。经过训练之后，"**乖宝宝"这个口令**就成为和食物相关联的**条件刺激**，听见"乖宝宝"的口令产生愉快的反应就是**条件反射**。

在运用经典条件反射的原理训犬时，**最重要的是要注意非条件刺激要紧随条件刺激之后，条件刺激和非条件刺激之间有一段重叠的时间**，这样才能迅速而稳固地建立起条件刺激和非条件刺激之间的联系。只有建立起了两者之间的联系，原本中性的刺激才能成为条件刺激，引起条件反射。

我在2013年4月收养了5只才十几天大的小猫。在给小猫喂食的时候，我总是先吹一下口哨，然后在口哨声中把食物放在它们面前，等它们吃了几秒钟后再停止吹口哨。结果只经过了4次，小猫无论身处何处，只要一听见我的口哨声就迅速在它们的饭桌上集合等待开饭，可爱极了！您现在能说出在这个案例中的条件刺激和条件反射分别是什么吗？对了！口哨声就是条件刺激。小猫听见口哨声立即到饭桌上集合的行为就是条件反射！

　　简单来说，**通过经典条件反射，狗狗可以学会在接收到条件刺激的时候，预测即将发生的事情。**狗狗听见"坐下"的时候，预测到主人会拿出食物来，所以做出了和看见食物一样的反应。狗狗在听见"乖宝宝"的时候，预测到自己马上会得到食物奖励，所以产生了和得到食物奖励相同的愉快反应。小猫在听见口哨声的时候，预测到马上要开饭了，所以产生了和开饭时相同的反应。很多狗主人觉得自家的狗很聪明，只要一看见主人拿起牵引绳，就高兴得活蹦乱跳，好像知道主人马上就会带自己去散步。这其实也是一个典型的条件反射的例子。

第二节　操作条件反射

　　操作条件反射，也称为斯金纳条件反射。

　　美国心理学家B.F 斯金纳（B.F Skinner）认为，如果一个操作发生后，紧接着给一个强化刺激，那么其强度就会增加。**所谓操作条件反射，就是指我们做了某件事情就一定会产生某种后果，而通过这种后果，动物会认识到自己的行为和后果之间的关系。**

　　如果后果是令人愉快的，则先前的行为再次发生的可能性就会增大；如果后果是令人不愉快的，则先前的行为再次发生的可能性就会减小。这是美国心理学家桑代克（Thorndike）提出的"效果律"。

　　操作后果一共会有四种情况，其中两种情况会使行为重复发生的可能性增大，而另外两种情况则会使行为重复发生的可能性减小。

　　使行为重复发生的可能性增大的两种情况都是对先前行为的强化。

　　一种叫作**正向强化**。

　　正向强化是指当狗狗做出某种反应后使其得到一种好的后果。简而言之，就是让好事开始。例如在训练狗狗定点大小便时，每次狗狗在规定地点大小便后，立即给予零食奖励。这样就会提高下次狗狗在该地点大小便的可能性。正向强化也同样适用于人类：小孩帮妈妈做了家务，就得到零用钱，以后小孩子做家务的积极性就会提高；员工工作认真，被评为先进，以后员工会更认真地工作。

　　另一种叫作**负向强化**。

　　负向强化是指当狗狗做出某种反应后使其免除某种坏的后果。简而言之，就是让坏事结束。例如在传统训犬中所运用的带齿项圈，项圈上的针齿会刺痛狗狗的颈部，而当狗狗按照口令做出训练员期望的动作时，项圈就会放松，疼痛消除。人类运用负向强化的例子有：楼下的人用拖把柄敲打天花板来抗议楼上发出的噪声，噪声消失就停止敲打；服刑的犯人如果表现好，可以获得减刑。

使行为重复发生的可能性减小的两种情况都是对先前行为的惩罚。

一种叫作**正向惩罚**。

正向惩罚是指当狗狗做出某种反应时使其得到一种坏的后果。简而言之，就是让坏事开始。例如狗狗在地毯上大小便，主人将报纸卷成筒状打狗狗，这样会减小下次狗狗在地毯上大小便的可能性。又例如在传统训犬中所运用的"P"字链。当狗狗往前冲时，链条自动收紧，勒痛狗狗的喉部，从而减小下次狗狗往前冲的可能性。人类常使用正向惩罚：孩子不听话或犯错误，妈妈就会处罚孩子；员工违反规章制度，就被警告处分；驾驶员闯红灯，交警就过来开罚单。

另一种叫作**负向惩罚**。

负向惩罚是指当狗狗做出某种反应后取消某种好的后果。简而言之，就是让好事结束。例如在命令狗狗"坐下"的时候，它没有坐下，而是扑上来想要抢你手中的零食，你就取消本来要给它的零食，这样下次它扑上来抢零食的可能性就会减小。人类运用负向惩罚的例子有：小孩子不听话，就取消其晚上看动画片的奖励；员工工作不努力，就被扣发年终奖。

强化用于我们希望狗狗做出某种行为的时候。正向强化的训练方法对狗狗来说不但没有痛苦，而且会使其非常愉快，是真正的"寓教于乐"，效果也非常好，是目前训犬的流行趋势。本书中运用的强化方法都是正向强化。

惩罚用于我们不希望狗狗做出某种行为的时候。负向惩罚对狗狗的身体没有伤害，却能起到很好的惩罚效果。本书中运用的惩罚方法基本都是负向惩罚。

负向强化和正向惩罚都是运用体罚的方式，对狗狗的身心会造成很大伤害，已经逐渐被人们淘汰。此外，这两种方法运用不当时，很容易遭到狗狗的反抗，造成狗咬主人之类的情况。如果您正准备把自家的狗狗送到训犬学校去"深造"，请一定要搞清楚对方所采用的训练方法是正向强化还是负向强化，是正向惩罚还是负向惩罚。

操作条件反射在训犬中应用最为广泛。总的来说可以分为两大类：**一是通过强化使狗狗做出我们希望狗狗做的各种动作**（最普遍的就是在狗狗做出我们所希望的动作之后给予食物奖励）；**二是通过惩罚使狗狗不再做出我们所不希望的行为**（最普遍的就是在狗狗做出我们不希望的行为之后取消食物奖励）。

有效强化和惩罚的关键是保证**及时性**，也就是**在狗狗做出相应的行为之后，立即进行奖励或者惩罚**，正所谓"赏不逾时，罚不迁列"；否则有可能会强化错误的行为。例如在我们发出"坐下"的口令之后，狗狗按照口令"坐下"了，但是我们身边没有奖励食品，等我们从厨房去拿了食物出来后，狗狗很有可能已经变成站姿并且盯着食物看。如果这时候我们把食物作为奖励给狗狗，其实就是强化了"站着盯着食物看"这个行为，而不是我们真正希望强化的"坐下"这个行为。又例如主人下班回家发现狗狗在家里搞了破坏，就把狗狗叫过来打了一顿。但是狗狗并不能理解主人是因为自己搞破坏而发怒（因为没有当场被阻止），而是会误认为主人回来，自己听从召唤走到主人身边就要挨揍了。于是第二天主人去上班后，狗狗继续搞破坏。等主人回来后，无论怎么叫，狗狗都躲在床下不出来。而主人还以为是狗狗"知错了"。

简单来说，**通过操作条件反射，狗狗可以学到自己的某种行为会带来什么样的后果，从而根据后果的好坏来强化或者停止该种行为。记住，狗狗总是努力让好事开始、坏事结束，避免好事结束、坏事开始，即趋利避害。**如果您能知道什么事情对狗狗来说是好事，什么是坏事，并且能控制这些事情，那么恭喜您，您一定能控制狗狗的行为！

第三节　孤立事件学习

所谓**孤立事件，就是指某件发生的事情（一种刺激）不和任何其他事情相关联。如果某种刺激不会产生任何后果（对于动物来说），动物就会停止对该刺激产生反应。这种现象称为"学习到的不相关性"。**学习到的不相关性对动物来说能提高效率，因为动物应该学会忽略对自己不重要的刺激，而把注意力集中在对自己重要的刺激上。

在预防狗狗乞食的训练中，主人如果做到自己吃东西的时候从不跟狗狗分享，狗狗就会学习到主人吃东西和自己的不相关性，从而放弃乞食，宁愿到一边去睡觉。

另外一个关于学习到的不相关性的例子就是电话铃声。大部分狗狗会学习到电话铃响跟自己毫不相干。因为电话铃响后从来没有对狗狗产生任何相关的后果，于是狗狗就学会了自动屏蔽电话铃声，也就是在电话铃响时不做任何反应。

简单来说，**通过孤立事件的学习，狗狗可以学到什么重要、什么不重要。**

以上内容理论部分根据帕梅拉·J.里德博士（Dr.Pamela J.Reid）的 *Excel-Erated Learning* 整理。

第三章

训犬的基本工具

现在，您已经对训犬有了一些基本的了解。在正式开始训练您的狗狗之前，您还需要储备一些训练的基本知识，如口令、动作等，我把它们称为训犬的基本工具。

第一节 表扬口令

您需要按照自己的习惯选择一个词作为专门的**表扬口令**，例如"乖宝宝""Good boy/girl"等。

一、什么是表扬口令

表扬口令是用来**表扬狗狗做出的正确、好的行为的**，例如能乖乖地跟随主人散步，**从而起到强化这种行为的作用**。

这个口令一旦确定，在每次狗狗做出您所希望的行为之后，先用它对狗狗进行口头表扬，再给予食物奖励。还记得前一章所讲的经典条件反射原理吗？我们将**建立表扬口令和奖励食物之间的联系，使表扬口令成为一种条件刺激。让狗狗一听见表扬口令就能产生和获得奖励食物相同的愉快反应。**

二、 如何让表扬口令生效

为了尽快建立起表扬口令和奖励食物之间的牢固联系，**刚开始训练时，应在发出表扬口令之后，立即进行食物奖励**。表扬狗狗的时候，语气要温柔，要露出夸张、高兴的表情。狗狗是非常善于读懂人类的表情的！

在狗狗进食的时候建立这种联系是一个很好的方法。您可以先发出表扬口令，然后把狗狗的食盆放在它面前。在它刚开始进食的时候，继续说上几遍表扬口令；甚至可以说一遍表扬口令，给它一粒狗粮。这样，很快就能建立起表扬口令和食物之间的联系了。

除了表扬口令，建议您**同时加上抚摸的动作**，即说一遍表扬口令，同时用手轻轻地抚摸一下狗狗，然后给一粒狗粮。这样，**抚摸也能和表扬口令一样成为令狗狗愉快的条件刺激**。

第二节　正确动作标记

您还需要选择一个信号作为您的"正确动作标记"。

一、什么是正确动作标记

根据操作条件反射的强化原理，我们在对狗狗进行技能训练时，例如让狗狗坐下，当狗狗做出我们所希望的动作——坐下之后，应立即进行食物奖励（强化的及时性）。

但有时可能您身边正好没有奖励食物，您需要花上几分钟时间去厨房拿；或者有时候您在户外，希望强化狗狗在远处做出的一个漂亮的跳跃动作。在这些情况下，您都没有办法立即对狗狗进行食物奖励。

这时就需要建立一个条件刺激作为正确动作的标记，即**正确动作标记。狗狗在接收到这个刺激之后，就知道做出刚才那个动作之后很快将获得奖励。表扬口令和正确动作标记之间的区别在于一个时间差。狗狗在听到表扬口令之后，知道立即会得到食物奖励；而在听到、看到正确动作标记之后，知道过一会儿会得到食物奖励**。

我用的正确动作标记是口令"对了"加上激动的表情。

现在比较流行的响片训练法（click+treat）也是同样的道理。训犬师在狗狗做对动作的一瞬间按响响片训练器，狗狗听到响声的时候，就知道在做出刚才的那个动作后将获得奖励。使用响片训练器的好处是，传递给狗狗的信号非常明确，即使狗狗在远处也能听见响声。但我尝试后发现这个方法最大的缺点就是必须依赖于响片训练器这个工具，在实际生活中，其实不可能每时每刻都把响片训练器带在身边，就像不可能随时都能把奖励食物给狗狗一样。所以如果不是进行专业训练，我个人还是倾向于用一个不容易和其他口令混淆，且不会轻易在日常对话中出现的词作为家常训犬的正确动作标记。这样就可以随时随地向狗狗发出口令了。

有一次我不小心把球扔到了小溪对岸的大石头上，需要"留下"游到对岸寻找。因为地方太大，我需要站在岸边不断地给留下指示方向，这样它才有信心继续搜索。当它往正确方向前进时，我就大声喊"对了"，它就知道自己的方向是对的，然后继续向前搜索。等到它终于找到球，并且叼着球游回我身边时，我激动地表扬它"乖宝宝"，然后马上拿出肉干奖励它。在这个案例中，"对了"就是正确动作标记，而"乖宝宝"就是表扬口令。

二、如何让正确动作标记生效

和表扬口令一样，**正确动作标记也需要和真正的奖励建立起联系才能成为一个条件刺激**。建议在进行技能训练时，每次在狗狗做对动作的瞬间，都先做一下正确动作标记，例如发出口令"对了"，然后进行奖励。

在刚开始建立联系时，发出"对了"和随后的奖励之间要有时间间隔的变化。例如有时候间隔2秒，有时候间隔5秒，有时候间隔8秒等。这样狗狗才能理解，在主人说"对了"之后的不确定的时间里会有真正的奖励。

因为建立正确动作标记是为了及时地向狗狗传递做对动作的信号，所以您所选择的这个信号一定要能随时随地传递给狗狗，所受限制越小越好。除了口令、响片训练器，也可以用吹口哨、鼓掌等作为正确动作标记。

第三节　惩罚口令

接下来，您需要按照自己的习惯选择一个词作为专门的**惩罚口令**。例如"No""不可以"等。

一、什么是惩罚口令

在前一章里，我们曾讲到用负向惩罚来减少狗狗某种行为的发生次数，也就是用取消原有的食物奖励作为惩罚。比如我们训练狗狗坐下，狗狗做对了，就给予食物奖励；狗狗做错了，就取消食物奖励。这样狗狗很快就能学会在听到"坐下"口令后坐下，而不是做出其他我们所不希望的动作。

坐下

但是，和正向强化一样，不是在所有的情况下，我们都有食物作为刺激物。例如在散步时，狗狗对着经过的陌生狗叫，这是我们不希望它做出的行为，然而这时我们手里并没有食物，那么怎样才能对狗狗进行有效的惩罚，或者说让狗狗明白这是主人不希望它做的行为呢？这就需要我们有一个惩罚口令。

惩罚口令是用来批评或者制止狗狗做出的错误、坏的行为的，如对陌生狗大叫，**从而起到灭失这种行为的作用**。

二、如何让惩罚口令生效

和表扬口令一样，我们也需要先建立惩罚口令和真正的惩罚——取消食物奖励之间的联系，才能使它成为一种条件刺激，起到和取消食物奖励相同的条件反射效果。

我用的惩罚口令是"No"，和表扬口令相反，说"No"的时候语气要严厉，表情要严肃。

可以通过专门的训练来建立惩罚口令和取消食物奖励之间的联系（**惩罚口令=好事结束**）。例如叫狗狗坐下别动（训练方法见第五篇第一章第四节）。如果狗狗乖乖坐着不动，就给予奖励；如果狗狗动了，就说"No"，不给予奖励，然后重新说"坐下——别动"。注意，因为我们的目的是让狗狗理解惩罚口令，所以我们可以通过延长说"别动"的时间，拉长训练者和狗狗之间的距离等办法来引导狗狗，让它"动"，然后进行惩罚。但是，和所有的训练一样，一次训练的时间和次数以狗狗能集中精力为准，而且要奖励和惩罚相结合，如果一直都是惩罚，狗狗会放弃训练。

除了用上面这种负向惩罚的训练方式来让狗狗理解惩罚口令，还可以在特殊情况下用正向惩罚的方式训练（**惩罚口令=坏事开始**）。例如在狗狗大叫的时候，严厉地说"No"，随即手指呈握杯状，重重地叩击狗狗的颈部。这样，以后狗狗只要一听到"No"，就会联想到挨打。

第四节　强化物

一、什么是强化物

强化物，顾名思义就是**能对某种行为起到强化作用的刺激**。我们也可以把它简单地理解成**奖励**。为了便于理解，我在后面的实际应用中也会使用"奖励"来代替比较拗口的"强化物"。

强化物分为初级强化物和次级强化物。

所谓**初级强化物**就是能直接引起狗狗的兴趣，起到强化其行为作用的非条件刺激，可以简单地理解成**奖品。最常见的初级强化物就是零食。**

次级强化物则是指那些原来对狗狗没有意义，不会引起其兴趣，而通过条件反射和初级强化物已经建立联系的**条件刺激**，例如表扬口令"乖宝宝"，正确动作标记口令"对了"等。

二、哪些是初级强化物

训犬时，**首先特别要注意的是了解哪些属于初级强化物。**

简而言之，**凡是掌控在主人手中，狗狗想得到的东西（包括活动）都属于初级强化物**。例如零食，出门散步的权利，和别的狗狗玩耍的权利，追逐小鸟的权利。我们家留下特别喜欢游泳和按摩，还有去便利店买酸奶、去菜场买菜、去早点铺买肉包子，当然还有各种各样的零食。这些对于留下来说，都是初级强化物。您也可以发掘您家狗狗的一些特别的爱好。

要强调的是，上面所说的这些初级强化物，只有掌控在主人手里时，才能对狗狗起到激励作用，强化主人所希望的行为。例如我常常在瓯元看见远处的草地上有小鸟，急切地想去追逐的时候，先让它"坐下"，然后松开牵引绳，允许它去追小鸟。这样，追小鸟的权利就成为对"坐下"行为的奖励。但如果您出门没有给狗狗系牵引绳，它看见小鸟的时候就可以直接冲过去，那么这就无法成为初级强化物了。

您需要搞清楚的是**当下对狗狗来说哪种初级强化物是最有效的**，换言之，就是要搞清楚**哪种奖品在当下最为有效**。因为强化物是有等级的。单就零食而言，狗狗每天都要吃的狗粮就不如难得吃到的鸡肉干"高级"。而当狗狗已经吃饱了，并且单独在家待了一整天的情况下，在零食和与同伴玩耍的权利之间，零食又不如玩耍"高级"。

所以搞清楚狗狗在当下最想要的是什么，才能起到最好的激励作用。

例如有一次我看见一个正玩得兴奋，被妈妈要求回家的小男孩跟他妈妈谈判："再让我玩十分钟！"妈妈说："不行！现在就回家！回家给你吃布丁！"小男孩说："不，再让我玩十分钟！"妈妈坚持说："不行，现在就回家！回家给你吃布丁，是你最爱吃的奶油布丁！"结果小男孩见谈判无望，开始号啕大哭。这位妈妈一成不变地以为小男孩平时最爱吃的奶油布丁在任何时候都能起到激励作用，殊不知，在当时的情况下，最好的激励物已经不是布丁，而是玩了。

当然，因为零食是最重要，也是最方便使用的强化物，所以在开始训练您的狗狗之前，请务必**准备好各种等级的零食**！可以根据狗狗爱吃的程度来确定零食的等级。建议至少常备2种不同等级的零食。除了狗粮，您最好给狗狗再准备一些"高级"的零食。我家留下训练时常用的零食按等级从低到高的顺序为：狗粮—旺仔小馒头—奶酪片/鸡肉干—烘干鸭锁骨。（可以参照《狗狗的健康吃出来》自制健康美味的零食。）

在对狗狗进行训练的时候，要制订"强化计划"。您需要记住以下两点。

对于新学的动作，要采用持续强化计划。也就是说，每次当狗狗做出正确反应之后，都要给予奖励。这样才能保证狗狗尽快掌握动作要求。

对于已经掌握的动作，要采用间歇强化计划。也就是说，当狗狗做出正确反应之后，不需要每次都给予奖励，而是随机进行奖励。这样有助于动作的保持，而且在没有奖励时也能让狗狗按照要求做出正确反应。正如琼·唐纳森在*The Culture Clash*一书里所举的例子："我们知道每次投币之后饮料机里会出来饮料，如果某次投币之后，没有出来饮料，我们可能就不会再往里面投币了。但游戏机则不同，我们知道投币之后，有时候什么也没有，运气好时则可能会掉出来一大堆硬币，所以我们反而会不停地往里投币。游戏机所采用的就是间歇强化计划。"

有人说："我家狗狗很调皮，有吃的才听从指令，没有吃的就不听了。"这就是主人在训练时没有注意采用间歇强化计划造成的。

第五节　手势和口令都需要

对于善于观察环境的细微差别而又听不懂人类语言的犬类来说，建立手势和食物之间的联系，比建立口令和食物之间的联系要来得容易。通俗地说，**手势比口令更能让狗狗理解和记忆**。另外，在特殊情况下，如果不方便使用口令，用手势也能达到同样的效果。例如我以前总是偷偷摸摸地给留下打一个"过来"的手势，它马上就会心领神会地跟着我去厨房开小灶，而不被弟弟妹妹发现。

　　所以，我强烈建议您在训犬的时候，同时使用口令和手势作为条件刺激。在本书介绍的技能训练中，我都同时使用了口令和手势。

第四章

训犬的基本原则

第一节　主人应遵守的原则

为了防止狗狗长大后养成难以纠正的坏习惯，主人应遵守以下原则。

1. 尽早制订规则

没有规矩，不成方圆。最好在狗狗进家之前就开个家庭会议，全家一起制订好狗狗在人类家庭必须遵守的规则，并且从狗狗到家的第一天起就开始执行。

例如，主人进门时狗狗不能主动扑人；出门前必须佩戴牵引装备；进出家门都必须在主人之后；散步时不能拉扯牵引绳；不能上主人的床，睡觉必须进自己的小窝；不能到桌边乞食；主人不和狗狗分享零食；不能玩拖鞋；不能啃咬家具等。

2. 规则的一致性

规则制订好之后，所有家庭成员在所有时间都要按照这些规则和狗狗相处。

3. 视而不见以及立即纠正

对于狗狗的一些微小的不良行为，例如在主人吃东西时前来乞食，可以采取"不看，不理，不给"的"三不"原则，对其"视而不见"。这样狗狗很快就会知趣地走开了。（"学习到的不相关性"原理。）

对于一些比较严重的不良行为，例如啃咬电线、随处大小便等，一定要当场用惩罚口令制止，并且要见一次制止一次。

4. 用"好行为"来代替"坏行为"

如果您不希望狗狗做某种行为，那么最好明确地告诉狗狗您希望它做什么，并在它做了您希望的动作之后进行奖励。

例如您不希望每次有客人来的时候狗狗都会冲到门口对客人叫个不停，那么您可以在开门之前，命令它在自己的身后坐下别动，然后奖励，而不是在它冲到门口大叫后再命令它"不准叫"。如果您不希望它啃咬电线，那么最好在它咬电线的时候用一件它喜欢的玩具吸引它的注意力，并且在它放弃啃咬家具、开始啃咬玩具时进行奖励，而不只是简单地命令它"不准咬"。

5. 保持冷静

无论狗狗犯了什么错，如咬坏了您昂贵的皮鞋或者尿湿了您的真丝地毯，请记住它绝不是故意的，只是还没有经过培训而已！所以，请一定要保持冷静，检查自己的教育是否还有待完善。千万不要气急败坏地把狗狗抓过来暴打一顿！这样不只对狗狗不公平，还会给纠正坏习惯带来很大的阻碍。

6. 锻炼，规则，宠爱

您可以像爱您自己的孩子一样去爱您的狗狗。但是狗狗首先是狗，然后才是您的孩子或者宠物。它和我们人类是两种物种，它有自己的需求。

记住美国著名训犬师西泽·米兰 在每一集《报告狗班长》（*The Dog Whisperer*）节目开场中所给的忠告：锻炼，规则，宠爱 （Exercises, Rules, Affection）。 首先要保证您的狗狗每天进行足够的锻炼（外出散步、奔跑、游戏等），然后必须让它遵守您所制订的规则，最后才是把它抱在怀里宠爱。

第二节 技能训练的原则

在对狗狗进行坐下、握手等各种技能训练时，应遵循以下原则。

一、分阶段采取不同的强化计划

对于**新学动作**采用**持续强化计划**，即每次狗狗做出正确反应之后都用**次级强化物（口头表扬+抚摸）+初级强化物（零食、散步、游戏等）**进行奖励。

对于**巩固阶段的动作**采用**间歇强化计划**，在狗狗做出正确反应之后，**随机分别进行仅有次级强化物和次级强化物+初级强化物的奖励**，即有时候只给予口头表扬和抚摸，有时候则加上食物等初级强化物的奖励。

二、及时进行标记

在狗狗做出正确动作的瞬间，立即用正确动作标记口令（如"对了"）进行标记。如果您决定使用响片训练器来进行训练，那么后文中所有正确动作标记口令都可以用响片训练器来代替。

三、口令只给一次

一个口令不要连续说好几遍，否则会降低狗狗对口令的敏感度。如果狗狗没有反应，应耐心地等待一会儿，给狗狗思考的时间。如果狗狗还是没有反应，说明狗狗没有掌握口令，这时可以再重复一遍口令，并且增加手势或者食物诱导来帮助狗狗理解。

四、先使用手势，再使用口令

在训练新动作时，不要急于使用口令，应该先使用手势；等狗狗能对手势做出正确反应后，再加上口令。口令和手势不要同时发出，要有先后，做完手势间隔1~2秒，再说口令进行提示，这样才能确保狗狗学会这两种不同的条件刺激。

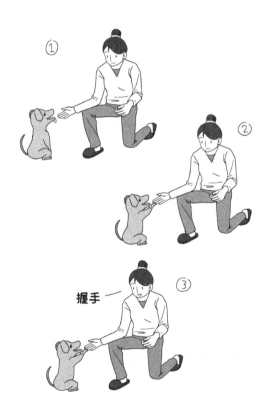

无论是在素质教育时，还是在技能训练中，**惩罚和奖励都必须及时**，即在狗狗做出相应的行为之后，立即进行奖励或者惩罚。

第二篇

素质教育

PART TWO

　　我把这一篇里的训练内容统称为素质教育，因为我觉得这些内容是让狗狗能够了解并遵守我们人类的一些基本规则，从而能跟我们人类真正和谐共处的重要保证。

　　如果所有狗主人都能让自己的狗狗从小接受这些教育，那么狗狗就只会向主人展示"天使"的一面，而不会露出"魔鬼"的一面了。遗憾的是，目前大部分狗狗都没有受过这些教育，却要为长大后惹出的麻烦而承担责任。希望越来越多的狗主人能够领悟到，狗狗犯了错，首先应检查主人有没有对狗狗尽到教育的责任。

第一章

居家礼仪训练

　　从整天吃了睡、睡了吃的小狗狗到家的第一天，主人就应该开始对狗狗进行居家礼仪训练，否则，狗狗很快就会变成让主人又爱又恨的"天使"和"魔鬼"的混合体。

　　随处大小便、咬鞋子、咬衣服、啃家具、撕纸巾等，都是这个小"魔鬼"的拿手好戏。不过幸运的是，如果主人能从一开始就对狗狗进行居家礼仪训练，那么很容易就能让狗狗收起自己的"魔性"，做个可爱的小"天使"。

第一节　宠物箱训练

一、为什么要让狗狗使用宠物箱

宠物箱训练是**居家礼仪训练的基础**。

　　所谓宠物箱训练，就是通过训练，**让狗狗习惯并喜欢进入宠物箱，并能在宠物箱的门锁上的情况下，放松地在里面睡觉，或者在清醒状态下安静地在里面待上2~3个小时**。

很多主人会觉得把狗狗关在宠物箱里很可怜，而且两三个月大的狗狗也很听话，所以往往在狗狗刚来的时候就让它自由地在家中所有的地方活动。殊不知，这正是造成狗狗很多行为问题的根源，在后面两节我还会谈到这个问题。在这里，我要说的是，通过正确的训练，引导狗狗乐于自行进入宠物箱后，您就会发现进入宠物箱对狗狗来说并不是件很可怜的事，而是件很幸福的事。

让狗狗从小习惯使用宠物箱至少有以下五大好处。

（1）可以很容易地对狗狗进行定点大小便的训练。

（2）可以很容易地对狗狗进行正确啃咬习惯的培养，避免狗狗乱咬衣物、家具等。

（3）可以让狗狗有一个属于自己的安乐窝。在狗狗感到疲惫、害怕、生气、寂寞的时候，这个安乐窝能让它很快放松下来。

（4）需要乘车旅行的时候，可以让狗狗安静地待在宠物箱里，既能保证安全，也能避免让它感到害怕和紧张。

（5）需要坐飞机旅行的时候，狗狗独自被关在行李舱里不会害怕和紧张。

二、如何训练狗狗习惯使用宠物箱

训练的原则如下。

（1）**引导**。引导狗狗主动进入宠物箱，而不是采用强迫的手段。

（2）**喜欢**。设法让狗狗喜欢待在宠物箱内。

在此原则的指导下，分阶段进行训练。

第一阶段：建立良好的第一印象。

（1）熟悉的气味带来安全感。

在宠物箱里铺上狗妈妈或者狗狗用过的小毯子或者小垫子，当狗狗闻到熟悉的气味时会产生安全感。

（2）将宠物箱布置得温暖舒适。

在宠物箱里面铺上舒适的软垫，把宠物箱当成狗床，使狗狗能在里面舒舒服服地睡觉。

狗狗从出生后就会和狗妈妈以及兄弟姐妹挤在一起睡觉，因此刚离窝的狗狗会不习惯独自睡觉。这时可以在宠物箱里放置一个和狗狗体形差不多的毛绒玩具，并在玩具的肚子里塞上一个热水袋，来模拟狗妈妈的体温，让其陪伴狗狗安然入睡；或者用热水袋加毛绒保温套代替。

（3）凡是"好事"都发生在宠物箱内。

吃饭的时候把饭碗放在宠物箱内，让狗狗在里面就餐。

吃零食也在宠物箱内进行。

还可以不时地在宠物箱的角落里藏一点零食，给狗狗一个惊喜。

用粗一点的绳子或者布条（确保狗狗不会吃下去）把玩具绑在宠物箱内，让狗狗只能在宠物箱内玩玩具。

（4）引导狗狗自己进入宠物箱。

不要把狗狗直接抱进宠物箱，那样会给它不安全的感觉。利用狗狗喜欢跟着人的习性，引导它自己走到宠物箱前，让里面熟悉的气味吸引它自己进去探索。也可以一只手拿着香味诱人的零食放在它的鼻子前方，将手慢慢放进宠物箱，吸引狗狗进去，然后将零食奖励给它。

（5）让宠物箱的门保持敞开。

开始训练的头两天，让宠物箱的门保持敞开，使狗狗可以自由进出。

通过上述5步的训练之后，相信您的狗狗已经喜欢上它的宠物箱了。证据就是它会在想要休息的时候自动进入宠物箱美美地睡上一觉；会在感到害怕的时候立即逃回宠物箱；还会在无聊的时候主动进入宠物箱里玩自己的玩具；当然，吃饭时间一到，它也会很自觉地进入宠物箱等待开饭。如果您的狗狗已经出现了这些举动，就可以进入下一阶段的训练了。

第二阶段：听令进出宠物箱。

（1）对狗狗说"进去"，然后用一只手指着宠物箱。

（2）用另一只手拿着零食，在宠物箱内引诱狗狗进入。

（3）等狗狗进入宠物箱后，立即表扬"乖宝宝"，并将手中的零食给它吃。

（4）对狗狗说"出去"，然后用手指着相反的方向。

（5）一般狗狗会主动走出宠物箱。如果狗狗待在里面不出来，可以后退几步，或者拍手诱导它出来。等狗狗出来后，立即进行表扬，但是不给予食物奖励。

（6）重复（1）~（5）的步骤3~4次，作为一节课。每天在不同的时间至少上2节课。在狗狗能够比较熟练地听令进入宠物箱后，取消零食引诱。在发出口令及手势之后，耐心等待狗狗自动进入宠物箱，然后立即奖励。

小贴士　（1）狗狗走出宠物箱不用进行食物奖励，口头表扬即可。因为我们的目的是让狗狗觉得进宠物箱比出宠物箱更好。

（2）可以在每次开饭的时候进行训练。先下令让狗狗进入宠物箱，然后把饭给它，作为奖励。等它吃完了饭再下令让它出宠物箱。

等狗狗可以很熟练地根据口令进出宠物箱后，就可以进入最后阶段的训练了。

第三阶段：关上宠物箱。

（1）选择训练时机，最好是狗狗玩得筋疲力尽或者有点犯困的时候。

（2）命令狗狗"进去"，让狗狗进入宠物箱。

（3）等狗狗进入宠物箱后，把狗狗喜欢的零食或者玩具放入宠物箱，选择狗狗比较放松的时候关上门，锁上宠物箱。

（4）主人坐在宠物箱旁让狗狗能看到自己，然后开始看电视、看书或者聊天等，不要理睬狗狗——不要看它，不要摸它，也不要和它说话。

（5）其间主人要不时地离开一下，但每次都应在2分钟内回来。

（6）如果狗狗在宠物箱里面做出悲鸣、狂叫、转圈、乱抓等动作，不要理睬。等它安静下来后，再将门打开，让它出来。但是出来的时候不要关注它，更不要给它抚摸、拥抱、零食等奖励。

（7）重复（1）~（6）的步骤，直到狗狗能够在宠物箱锁上的情况下，自在地在里面玩玩具，或者安静地睡觉。

（8）在训练过程中，应逐步延长主人离开的时间，以及狗狗待在宠物箱内的时间。直到狗狗可以在里面安静地待上2~3个小时。

小贴士　（1）如果锁门的时候会发出"咔嗒"之类的响声，则应该在第一和第二阶段训练中开门的时候，经常趁狗狗进入宠物箱的时候故意弄出这样的响声。这样在第一次锁门的时候，狗狗就不会对锁门声产生反应了。

（2）无论狗狗在宠物箱里做出什么生气或者可怜的动作，主人都不可以一时心软开门，否则就是在鼓励它用这样的动作要求主人开门，以后这样的动作会越来越激烈。只有等它安静下来才可以开门。

第二节　定点大小便训练

狗狗带给主人的第一件麻烦事恐怕就是在家里随处大小便了。定点大小便训练，即训练狗狗在主人规定的地方大小便，可以让主人不再为狗狗的屎尿烦心。

一、正向惩罚训练法VS正向强化训练法

1. 正向惩罚训练法

很多人用正向惩罚的方法来进行训练，即发现狗狗在错误的地点大小便时用打骂对狗狗进行惩罚。这个方法有时也能成功，但缺点是用时比较久，且效果不稳定。这个方法最大的问题是，可能产生一种副作用，即狗狗为了避免挨骂，会自作聪明地躲到主人看不见的地方（如床上）去撒尿，使问题变得更为严重。

案例：

瓯元就是一个这样的"反面教材"。

瓯元刚来的时候住在外婆家。那时它大概只有两个月大。主人说瓯元"很聪明，在外婆家里不用教就会在报纸上小便"。但大约一周后，瓯元回到自己家，就"事故"不断，开始在家里随处大小便。无论如何责罚，都不见效，而且情况越来越糟，不仅经常会在地板上小便，甚至还发展到了在床上和沙发上小便。

主人说，瓯元是故意的，它知道应该在哪里小便，但就是常常乱拉。经常会有狗主人说："我打

了它之后，它就故意到处乱拉，好像是报复我。"其实，关于"故意"和"报复"都是我们人类自以为是的想法。狗狗是没有"道德感"的动物，因此不存在内疚、故意、报复之类的心态。它们只知道"危险"和"安全"。在介绍训练方法之前，我们需要先了解狗狗的想法。

首先，狗狗一般不会在自己睡觉的地方排泄。而外婆家很小，瓯元可活动的范围更小。让它大小便的报纸就铺在它睡觉的窝旁边。所以，那时候，其实不是它很聪明，知道要拉在报纸上，而是别无选择：不拉在报纸上，就得拉在自己的窝里。

然而，来到它的新家——近200平方米的"豪宅"之后，瓯元就晕头转向了。首先，在它看来，除了自己睡觉的地方，其他可作为厕所的选择实在是太多了。但不幸的是，它总是选错。它在自认为很合适作为厕所的地方小便了之后，就会被爸爸拎到刚刚尿过的地方，狠狠地揍一顿，爸爸还凶巴巴地说了一大堆它根本听都听不懂的话。可怜的瓯元想破了脑袋，终于想到一定是"爸爸妈妈在的时候不能尿尿"。（因为每次爸爸妈妈在的时候尿尿就会挨打，不在的时候就不会挨打。）于是它就憋着尿，等啊等，等到爸爸妈妈在房间看电视的时候，趁客厅没有人，赶紧在地上（它认为的厕所）撒了一大泡尿。可是，爸爸又来了，于是它又挨了一顿打。看来在客厅里撒尿也不安全了。终于有一天，它发现了一个好地方：在小主人的床上！那里有又软又吸水的被子，而且关键是，那个房间经常没有人，即便有也通常是从来不打骂自己的小主人。这应该是个可以安全如厕的地方。于是，聪明的瓯元终于舒心地在被子上撒了一大泡尿。

从此，瓯元又多了一个主人眼里的坏习惯：在床上尿尿。

2. 正向强化训练法

比较好的训练办法是用正向强化，当狗狗在正确地点排泄后立即奖励。

我们已经知道，**动物的学习法则**是，**在做了某种行为之后如果立即被环境因素强化**（如食物奖励、主人的表扬等），**则这种行为出现的频率就会越来越高。如果没有受到强化，则这种行为会自然灭失（操作条件反射）。对于狗狗来说，没有对与错的概念，只有安全和危险的区别。**所以如果我们采用打骂的手段，会让狗狗得出一个错误的结论：主人在的时候我不可以大小便，那样很危险；主人不在时才可以大小便，那样比较安全。如此就容易出现像瓯元那样的情况了。

了解了这些之后，您可能已经明白，用正向强化训练法**训练狗狗定点大小便的关键在于奖励，奖励的关键在于及时**，不然狗狗可能不知道自己为什么会受到奖励，也许就会无意中强化了您并不希望的动作。

用正向强化训练法对狗狗进行训练，会让狗狗发自内心地愿意去做某件事情，例如到规定的地点大小便。这样狗狗不但学得快，而且掌握得也会更加牢固。

二、如何训练狗狗在室内定点小便

训练狗狗在室内定点小便会给您和狗狗的生活带来很多方便之处：例如在遇到雨雪等恶劣天气的时候、在您没有时间遛狗的时候、在狗狗年老或者生病的时候，您就可以让狗狗在室内排泄，而不是必须得一天两次出门解决。

1.准备工作

（1）限制活动范围。

在狗狗没有学会定点小便前，如果主人不在家，或者无法监督它，就要把它在家里的活动范围限制在"防狗"的区域内。所谓"防狗"，就是指**"不怕狗狗搞破坏"**，在该区域内没有衣物、家具、电线等容易被狗狗啃咬的物品，也没有地毯等容易被狗狗当成厕所的物品。

这种"防狗"的区域应分为"短期"和"长期"两种限制场所。

跟狗狗体形接近，活动范围很小，仅能让狗狗站立、转身的场所，例如宠物箱等，**为"短期"限制场所。**将狗狗关在短期限制场所的时间一般不要超过3个小时。

另外我们还需要准备一个**较大的、能让狗狗自由活动的"防狗"区域**，作为**"长期"限制场所。**如果主人要离开3小时以上，就把狗狗关在长期限制场所内。可以将面积较大的阳台、卫生间，或者用宠物围栏在客厅围出一块专门的区域作为长期限制场所。将宠物箱放在该区域内，里面铺上柔软舒适的垫子，并放上玩具。打开宠物箱的门，让狗狗可以自由进出。在宠物箱附近放置狗厕所。

把狗狗关在限制场所的目的之一是尽量**减少它犯错误的可能性，提高它正确上厕所的概率**，便于对其实施"正向强化"。

（2）制订规则。

只有刚上过厕所的狗狗才可以在限制场所以外的地方自由活动。

主人在家时，如果狗狗还没有上过厕所，应将其关在宠物箱内。千万不要因为觉得限制它的活动范围"很可怜"，而任由还未通过培训的狗狗在家里到处乱跑，那样它只会更"可怜"：您可能会因为它在家里到处大小便而抓狂，并可能因此而打骂它。

刚刚排过尿的狗狗，一般在2~3小时内不会再排尿，这个时间段为"安全期"，可以让在安全期内的狗狗在家自由活动。

（3）正确布置狗厕所的位置。

狗狗有不在自己的窝里以及日常起居处排泄的习性，因此，不要把狗厕所放置在这些地方，而**应放在它平时不太会去的地方**，例如主人的厕所里或者阳台等处。

（4）正确选择狗厕所。

狗狗喜欢在柔软的、吸水性强的物体表面排泄。因此，**不要**让狗狗直接在塑料或者金属格栅的狗厕所或者狗笼里大小便，可以在狗厕所上铺上狗尿片再使用，也可以把浴室用的吸水地垫直接当作狗厕所。

狗厕所要足够大，最好能让狗狗成年后在厕所中自由转身。

使用"诱导剂"。初次引导狗狗在家里上厕所前，可以在铺垫物上沾一点狗狗的尿液，以便诱导它在上面排尿。

2. 开始训练

（1）关宠物箱。

把没有排过尿的狗狗关在宠物箱里。狗狗睡觉时也把它关在宠物箱内。

（2）引导定点排尿。

到了预计的排尿时间，把狗狗从宠物箱内放出，引导它到厕所排尿。

幼犬一般会在起床后、睡觉前、饱餐后、游戏后、激动后有排尿的需求。另外，一般距离上次排尿2~3个小时后，狗狗也会有尿意。抓住这些时间点，并注意观察狗狗的举动，例如原来安静地在宠物箱内睡觉的狗狗突然开始哼哼唧唧、骚动不安，就很有可能是想上厕所的信号，这时把它从宠物箱内放出，并用牵引绳牵引，或者拍手在前面小跑，引导它去厕所。

（3）口令训练。

在狗狗做出小便的**准备动作时**，如低头嗅气味、转圈等，**立即发出口令**，如"尿尿"。在它**刚开始尿尿时，有停顿地重复几遍口令**，如"尿尿—尿尿"。注意不要"尿尿、尿尿"这样不间断地发出口令。

多次训练后，如果主人一发出"尿尿"的口令，狗狗就开始尿了，说明这个条件反射已经建立。可以尝试在接近预计排尿时间，但狗狗还没有做出想要尿尿的反应时，就带它去厕所，用口令让它尿尿。

（4）保持放松。

跟人类一样，狗狗只有在放松的情况下才能安心排泄。因此**带它去上厕所的主人一定要给它足够的安全感**，能让它完全放松。平时经常打骂狗狗的主人不适合担当此"重任"。下达口令时要温柔，不要吓到它。

（5）及时奖励。

狗狗**在规定地点尿尿后应立即奖励。**

建议在狗厕所附近放置一个密封的零食盒，这样等狗狗一上完厕所，就可以很及时地进行奖励。刚开始训练的时候，一定要用"高级"的零食，配合主人惊喜的表情、表扬口令、热情的抚摸等。

（6）扩大活动范围。

等到了预计排尿时间，狗狗从宠物箱出来后不需要引导，就能够很自觉地去上厕所时，可以开始尝试不再将它关在宠物箱里，但是必须在主人的监视之下。一旦到了狗狗该上厕所的时间或者发现狗狗有想上厕所的迹象时，立即将狗狗引导至厕所，并下达"尿尿"的口令。

当狗狗能够很自觉地在有需要的时候去厕所，并且连续几天都没有在错误的地点排泄后，可以开始开放所有的房间，取消限制场所。

（7）及时清洁狗厕所。

狗狗不喜欢在尿味太重的地方小便。因此，每次狗狗尿完之后，要及时更换尿片。否则狗狗很可能因为遗留的尿味太重而不愿在同一个地方再次尿尿。

（8）"犯错误"时的处理。

如果**事后发现**狗狗未在规定地点排尿，**不要责罚它，彻底清洁干净**即可。因为有效惩罚的关键是及时性。事后发现再惩罚不但于事无补，还容易让狗狗因为害怕而偷偷尿到主人不易察觉的地方。

如果发现狗狗**正在错误的地点排尿，应立即打断**，严厉地对它说惩罚口令，如"No"，然后将其转移至规定地点，并用口令引导它继续排尿。如果狗狗在途中一路漏尿，或者到了厕所因为害怕而不尿，都没有关系，重要的是让它知道在错误的地点排尿是"不安全"的，会被打断。如果到了规定地点狗狗尿了，应立即重重奖励。要做到赏罚分明。

（9）巩固成绩。

狗狗学会定点上厕所是主人辛苦教导以及狗狗认真学习的结果，千万不要认为这是理所当然的事。因此，即使狗狗已经能很熟练地去规定的地方上厕所，还是要不时地奖励一下（间歇强化计划），这样才能巩固成果。

小贴士 （1）在训练期间，不要把水盆放在地上让狗狗随意饮水，定时定量给它喝水，能让狗狗的排尿时间更加容易预测。同时，通过刻意增加喂水次数，还能增加狗狗一天内的排尿次数，从而加速定点小便条件反射的形成。

（2）如果狗狗不爱喝白开水，可以在水里加一点牛奶、酸奶、肉汤或者狗罐头等有味道的东西。

三、 如何训练狗狗在室内定点大便

1. 固定喂食时间

狗狗室内定点大便的训练方法和定点小便的训练方法基本相同。

但是训练定点大便比训练定点小便要困难，主要是因为狗狗一天大便的次数（一般为1~3次）比小便的次数要少得多，而且也不可能通过刻意增加喂食次数来增加排便次数，所以很难抓住时机进行强化。

未成年的幼犬是"直肠子"，一般在餐后5~30分钟就会有大便的需求。在狗狗8月龄之前每天喂食次数最好是3次。因此，如果从小开始训练，同时固定喂食时间，并在狗狗进食后5~30分钟内带它去厕所，会有很好的效果。

2. 专用"大便厕所"

最好在距离"小便厕所"稍远的地方再布置一个"大便厕所"。因为狗狗一般不愿意在同一个地方大小便。便便要及时清理，不然它可能不愿意再去使用脏厕所。

四、如何训练狗狗在户外定点大小便

很多主人会把狗狗带到户外，一边散步，一边让狗狗大小便。这样很容易带来一个问题，就是什么时候大小便完全看狗狗的心情。有时候主人着急上班，而狗狗却正玩得开心，迟迟不肯大小便，尤其是不肯大便。

如果希望狗狗在户外大小便，最好是从小对狗狗进行户外定点大小便的训练。训练的方法和室内定点大小便的训练方法基本相同，以户外定点大便为例说明。

（1）早上在估计狗狗快要拉大便时带它出门。一般来说，狗狗在起床、早餐后很快会有便意。

（2）出门之后带它到最近的草坪停下。

（3）仔细观察它的动作。狗狗拉大便前，一般会用鼻子嗅地面，并不停地转圈，最后突然停下，弓背。当发现它做出这些大便前的准备动作时，发出"便便"的口令。注意语气要柔和，不要吓到狗狗。

便便——

（4）狗狗一拉完大便，立即奖励，然后带它继续前进。

（5）如果狗狗不拉大便，就不要离开这片草坪，直到它拉完大便为止。

（6）连续几天之后，可以开始尝试一到草坪上就发出"便便"的口令，促使狗狗听到口令就开始排便。然后按（4）~（5）的步骤操作。

这样狗狗就会知道，拉完便便不但有零食奖励，还能去散步，不拉就没有，因此狗狗很快就会养成出门先拉大便的好习惯。

此外，作为一个负责任的主人，每次狗狗拉完大便，一定要检查是否有拉稀、便血等异常现象，以便让它及时得到诊治。还有，一定要把便便扔进垃圾桶哦！

小贴士　最好先训练狗狗听口令在室内定点大小便。等它熟练之后，再带它到户外进行定点大小便训练。这样如果遇到雨雪天气，或者主人太忙没有时间遛狗的情况，就可以让狗狗在家里上厕所。

五、如何纠正狗狗随处大小便的习惯

如果狗狗没有经过宠物箱训练，并且已经养成了在家里随处大小便的毛病，该怎么纠正呢？

其实训练的原理还是一样的：**到了预计的排泄时间，引导狗狗到厕所排泄，然后奖励。**

因为狗狗没有经过宠物箱训练，主人需要通过仔细观察，记录狗狗一天的排泄规律，然后根据记录，推测狗狗需要方便的时间。

如果狗狗到了时间不肯排泄，可以将厕所放置在可封闭的小空间，如阳台或者卫生间内。然后将狗狗关入该空间，主人在外面耐心等待。主人一定要能观察到狗狗在里面的一举一动。

等狗狗排泄后立即打开门，并加以重奖！

注意，如果狗狗做出大叫、扒门等动作时，千万不可以开门。第一次需要等待的时间会比较长。我训练不同的幼犬定点小便时，最短的等了5分钟，最长的等了25分钟。但只要成功一次，并且在狗狗刚尿完就立即开门奖励，那么以后等待的时间就会越来越短。

如果主人没有时间跟踪狗狗一整天，那么至少每天要找到狗狗两次正确排泄的时间，并加以表扬。对于其他时间内狗狗犯的错误，则不去管它。但是，表扬的频率越低，狗狗犯错误的次数越多，狗狗学会定点上厕所需要的时间就越长。

其他要点和定点大小便训练相同。

六、案例

下面是我纠正瓯元随处大小便习惯的训练过程，可供参考。

我采用的方法是：把厕所的位置固定在阳台上，等到预计的排尿时间，就把瓯元关进阳台，等它尿完了再放出来，然后立即加以重奖。

训练第一天中午11点55分。这是瓯元首次被关在阳台这么小的空间。刚一关上门，它就开始低声呜咽，然后高声大叫，继而后脚站立，直起身子，用前脚以极快的速度不停交替扒门，不时往高空跳跃，其状可怜之极。我隔着玻璃门看着它，差点就心软想开门了。大约闹了5分钟后，由于太过激动，它突然有了尿意，停了下来，就地一蹲，撒了一大泡尿。我立即打开门，用十分惊喜的表情和语气大大地表扬了它一下，然后慷慨地给了它一大把牛肉条，随即又带它出门痛快地玩了很久。

下午3点50分和晚上10点是预计的排尿时间，这两次瓯元排尿用时明显减少。2分钟不到，它就放弃挣扎，开始排尿。这说明它已经开始明白，其他的办法都没有用，只有快点尿尿才能让我把门打开。

第二天早上6点25分，起床后，我就立即把它带到了阳台，仍然关上门。这次它挣扎的时间更短，只有半分钟不到。

中午12点，我按时把它关进了阳台。这次不知为什么，它又开始不停地挣扎，而且时间长达10分钟。（训练中有时出现退步现象是正常的，因为这时狗狗还没有完全掌握正确的行为方式。主人千万不要灰心！）我差点以为它根本没有尿意。结果它突然低头闻了一下，然后走到报纸上，撒了一大泡尿。这是一个重大进步。前几次它根本没有闻，都是就地一蹲，要么尿在地上，要么凑巧尿在报纸上。这个动作显示，它已经有要尿在报纸上的意识了。

下午2点，瓯元主动进了阳台，闻了一闻后，当着我的面痛痛快快地在报纸上撒了一大泡尿。这说明：第一，我让它有了充分的安全感；第二，它已经知道了厕所的位置，今后极有可能会自动去阳台撒尿了。

第三天早上6点，又有一个重大突破。起床后，它主动从卧室出去，穿过走廊，直冲阳台，在报纸上撒了一大泡尿。20分钟后，又去了阳台，走到角落里，转了一圈之后，拉了第一泡大便。至此，瓯元以优异的表现顺利完成了"定点大小便"训练项目，历时仅2天！

第三节　啃咬习惯训练

狗狗从"小天使"变成"小魔鬼"的另一种让主人头疼的行为，就是"搞破坏"：啃咬衣物、鞋子、家具等物品。尤其是大型犬，在四五个月大时就会开始显现出超强的"拆家"本领。忍无可忍的主人只好采取打骂的办法，但效果不佳。往往主人在家时，狗狗会收敛许多，主人一旦离开，狗狗又会故态重萌，甚至变本加厉。

一、狗狗为什么喜欢啃咬家具和衣物

其实狗狗很委屈，因为啃咬东西是它的本能，它根本不觉得自己是在做"坏事"，它想说："我真的不是故意的！我只是忍不住要做这些事。"

琼·唐纳森在*The Culture Clash*一书中提到的关于狗狗的十大真相中有以下几条。

（1）所有的东西对狗狗来说都是可啃咬的玩具（没有物品的概念）。

（2）没有道德观念（没有正确和错误的概念，只有安全和危险的意识）。

（3）猎食动物（搜索、追赶、撕咬、肢解以及咀嚼等行为都是固定程序）。

所以我们要知道，对于未经训练，正处于青春期前后，精力旺盛的幼犬来说：

（1）它需要咬东西，以此来磨牙、消耗精力、消磨时光；

（2）在它眼里，没有什么可咬、什么不可咬的概念（从来没有人教过它）；

（3）它知道主人在家时咬东西会挨打，不安全，所以趁主人不在家时再咬。

二、如何培养狗狗正确的啃咬习惯

理解了狗狗为什么会有这些行为之后，我们要做的是**"疏导"而不是"堵"**。

因为狗狗，尤其是幼犬，必须要咬点什么。如果只是在它干了所谓的坏事后加以打骂，那就是"堵"。"堵"的后果就是狗狗在特定情况下会控制自己不做某些行为，但它总会找到可以做这些行为的时机。也就是说，以后它会知道主人在的时候不能咬，因为那样很"危险"，而等主人一出去，它就会立即开始更加疯狂地咬东西。

这不是报复行为，而是它实在已经憋得太久了！

"疏导"则是**引导狗狗去咬主人允许咬的玩具**，让它知道什么是可以咬的，从而慢慢自觉地不去咬"非法"（主人不允许的）物品，因为它的本能已经有了"合法"（主人允许的）出口。

训练要点：

（1）加强监督。

在狗狗养成正确的啃咬习惯之前，绝对不能放任狗狗在没有主人监督的情况下在家里自由活动。

（这一点和第二节定点大小便训练的原则相同。）

同样地，对于刚到家里的幼犬，除了宠物箱（**临时限制场所**），还要再给它准备一个"防狗"房间，作为主人较长时间（超过3小时）不在家时的**长期限制场所**。这个"防狗"房间，除了不怕狗狗大小便，主要就是没有鞋子、衣服、家具、电线等"非法"的物品可以让它自由发挥啃咬的"天赋"，只有各种好玩的"合法"玩具。这样当它独自在家的时候，就会逐渐养成啃咬"合法"玩具的习惯。

当狗狗在家里自由活动时，一定要处于主人的监督之下。一旦发现它在咬"非法"物品时，立即用惩罚口令加以制止，然后引导它咬"合法"玩具。如果没有在坏习惯刚出现的时候就加以纠正，等狗狗养成了咬家具、咬皮鞋、咬电线等毛病后，就需要花费成倍的精力才能纠正了。

（2）保持冷静，转移狗狗的注意力。

一旦发现狗狗在咬"非法"物品时，主人一定要冷静，千万不要大惊小怪地高声嚷嚷，更不要去和它抢，那只会让它觉得自己在咬的东西"价值不菲"，从而更喜欢去咬这件物品。

最好的办法是"大棒"加"胡萝卜"，即先走到狗狗跟前，用严肃的目光直视它，同时发出"呜——"的低沉警告声，利用"首领"权威，迫使它松嘴放弃嘴里的物品；然后进行表扬或者食物奖励，并给它喜欢的"合法"玩具。

如果主人还不具备"首领"权威，也可以只是用欣喜的语调召唤狗狗，并递上一件它喜欢的"合法"玩具。等它张嘴去咬"合法"玩具时，再悄悄地把"非法"物品收走。当然，最好是再跟它用"合法"玩具玩上一会儿，这样它会觉得还是玩"合法"玩具好。记得以前有个电视剧叫《火星叔叔马丁》，里面有这样一个情节：火星叔叔马丁因为出了点故障，头上的天线暂时收不回去。结果被孩子们看见了，孩子们纷纷在自己的头上戴了根天线玩。他害怕因此暴露自己火星人的身份，希望孩子们不要戴天线。但是越不让他们戴，他们就越要戴。后来他发明了另外一个玩具去引诱孩子们。结果孩子们自己就扔掉了天线去玩新玩具了。狗狗的心理跟小孩子是一样的。

（3）"合法"玩具要多，要好玩。

有位狗主人向我抱怨说，她家6个月大的金毛喜欢咬电线，现在只好整天拴着它。狗主人还说，它不玩玩具，就是喜欢咬电线。后来才得知她家金毛只有一个毛绒玩具。我跟狗主人说，玩具远远不够。

很多主人会说："我已经给狗狗准备了玩具，但它就是不玩，却爱咬家具。"在责怪狗狗之前，请主人先对照本节"三、玩具的种类"检查一下，是否给狗狗准备了各类必要的玩具。

（4）"合法"玩具要和"非法"玩具有明显区别。

如果您不希望狗狗咬自己的新鞋子，那么千万别把破鞋子扔给狗狗玩。如果您不希望狗狗咬自己的新袜子，那么也不要把旧袜子给它当玩具。狗狗是不会分辨新和旧的。如果您给它的玩具和不允许它啃咬的日常用品太过接近，就会给它造成很大的困惑：为什么这个可以玩，而那个不可以呢？

（5）主人要经常用"合法"玩具和狗狗互动。

很多主人说："我家狗狗喜新厌旧，买给它的玩具很快就不玩了。"那是因为主人给狗狗的都是一些毛绒玩具、绳结、皮球之类的没有生命的玩具，所以狗狗很容易厌倦。而主人有"魔力"的双手能赋予这类玩具"生命"，让它们"活"起来。如果主人能经常用"合法"玩具跟狗狗玩衔取或者拔河之类的游戏，狗狗就会越来越喜欢这些玩具，而根本不会介意玩具的新旧。我家留下的网球玩了4年还没有厌倦，就是因为我经常用这个网球跟它玩衔取、搜索等互动游戏。反之，如果狗狗偶尔好奇心大发，叼了主人的拖鞋之类的"非法"物品来玩时，主人只是悄悄地收走，从来不跟狗狗抢夺（在狗狗眼里就是游戏），那狗狗很快就会因为这个物品没有生命力、不好玩而对其失去兴趣。反之，如果主人去追赶并从狗狗嘴里抢拖鞋，那么在狗狗看来，就是主人在用拖鞋和自己玩游戏，因此反而会对拖鞋的兴趣倍增！

三、玩具的种类

其实，玩具是我们人类的说法，而对于狗狗来说，则是指那些可以用来满足它们基因里遗传下来的猎食本能的物品。"好玩"也应该从这个角度出发，而不是按照人类的标准评判。按照狗狗的标准，我把玩具分成下列几类。

（1）可以用来满足追逐本能的玩具。

狗狗在捕猎时，首先需要追捕猎物。因此，狗狗都有追逐的本能。最适合满足狗狗追逐本能的玩具就是各种**球类玩具**，例如网球或者宠物用的橡胶球等。如果狗狗喜欢，宠物专用的飞盘当然也是很好的选择。球类玩具方便携带，又能扔得很远，所以在和狗狗外出散步时，可以带上一个它喜欢的球，将其扔到远处让它叼回。金毛、边牧、柴犬等犬种特别喜欢玩这类玩具。

（2）可以用来满足杀死猎物本能的玩具。

捕获猎物之后就需要杀死猎物了。杀死猎物也是狗狗的本能。

各种大小合适的**毛绒玩具**是用来满足狗狗杀死猎物本能的最佳选择。狗狗会把玩具衔在口中，抛向远处，冲过去再咬住，发疯似地摇着头使劲甩，就像我们在《动物世界》中看到猎食动物捕获猎物后为了杀死猎物所做的那样。可以用孩子玩过的旧玩具，也可以买宠物专用的毛绒玩具。

有些品种的狗狗，例如㹴犬，特别喜欢咬到后会"吱吱"叫的毛绒玩具，因为这很像猎物被捕获时所发出的声音，可以极大地满足它们捕杀猎物的本能。

如果您没有给狗狗提供这类玩具，那么它们极有可能会把轻便的毛绒拖鞋拿来当玩具。

安全提示：

用儿童的毛绒玩具给狗狗玩时，应事先把玩具的鼻子、眼睛等附件取下，以免狗狗误食。另外，要注意观察狗狗是否会把这些玩具"开膛破肚"，如果露出里面的填充物，也要及时清理，避免被狗狗吃下。

（3）可以用来满足撕咬欲望的玩具。

猎物被杀死之后，狗狗需要通过撕咬把它分割成小块便于进食。撕咬是狗狗猎食行为中的第三项本能。

大部分狗狗都喜欢撕咬卷纸、抽纸或者尿片之类的物品，有些中大型犬喜欢撕咬窝垫，甚至沙发，就是因为这类物品特别能满足它们撕咬的需求。如果我们能够用玩具来满足它们的这种需求，就可以减少甚至完全避免这种"拆家"行为。

遗憾的是，我还没有找到非常好的商业性撕咬玩具。不过，如果开动脑筋，还是可以想办法给狗狗提供一些它们喜欢的撕咬玩具。

例如，**旧报纸、纸板箱**等都是很好的撕咬玩具。

还可以把零食装在纸盒子里给狗狗，让它在满足撕咬欲望的同时，享受到"打猎"的成果。草编的蒸笼垫子价格便宜、材料纯天然，给狗狗咬着玩也是极好的。

此外宠物零食**风干兔脸和兔耳朵**也是非常好的撕咬玩具，因为可以食用，几乎所有狗狗都会为之疯狂。但其缺点是，上面的毛实在太多了，狗狗连皮带毛吃下去很容易呕吐。如果您有耐心去除大部分兔毛，这还是非常不错的。

还有山东的**杂粮煎饼**，又薄又大，不仅能撕碎，还能吃下去，也可以用来给狗狗作为撕咬玩具。

如果您有时间，还可以**用布条或者草绳自制**狗狗喜爱的撕咬玩具。先用一根布条或者一段草绳包裹住狗狗爱吃的零食，如鸡肉干。然后在外面用麻绳或者布条层层缠绕打结，做成一个结实的绳球。这样既可以满足狗狗撕咬的欲望，还能在它大功告成之际给它一个惊喜。

安全提示：

1）　刚开始让狗狗撕咬旧报纸、纸板箱、草编垫子以及绳球等玩具时，主人应在一旁观察，看狗狗是否会吃下去。如果狗狗要吃，就用零食交换，把玩具收走。千万不要去抢，以免狗狗一着急吞下去更多。

2）　幼犬会用鼻子和嘴来探索世界，如果只是把这些物品放在嘴里咀嚼，甚至吞下少量都没有关系。它们在探索之后，会慢慢区分什么是食物，什么不是食物。

3）　给狗狗风干兔脸和兔耳朵时，除了要注意毛发问题，还要注意量，宁少勿多，以免狗狗不消化。同样，杂粮煎饼一次也不要给太多。

（4）拔河玩具。

拔河玩具实质上也是为了满足狗狗的撕咬欲望，只是玩这个玩具必须要由主人配合。凡是能一头让狗狗咬在嘴里，另一头由主人用手拉扯的玩具都可以用来拔河。例如毛绒玩具、线绳玩具等。

（5）可以用来满足啃咬欲望的玩具。

猎物身上的肌肉渐渐被撕咬殆尽后，剩下的骨骼也不能丢弃，狗狗还能啃咬一番，好好享受里面的骨髓。啃咬，也是狗狗的猎食本能之一。而2月龄以上正处于换牙期的幼犬，还需要啃咬树枝等硬物来缓解换牙带来的不适，以及帮助乳牙脱落。

适合用来满足狗狗啃咬欲望的商业玩具（零食）有**绳结玩具、狗咬胶、鹿角、牛肋骨**等。主人还可以将**猪皮、鸭锁骨、羊蹄等风干后自制**啃咬零食（制作方法见《狗狗的健康吃出来》）。此外，一些**草本植物的木质化茎、柳条**等也很适合作为狗狗的啃咬玩具。

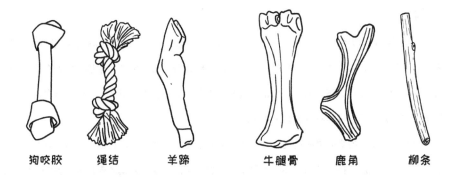

狗咬胶　　绳结　　羊蹄　　　牛腿骨　　鹿角　　柳条

安全提示：

1）有些狗咬胶是用劣质原料制成的，对狗狗的健康有害，要注意鉴别。最好用猪皮自制。

2）凡是狗狗能食用的啃咬零食都要注意不要让它一次食用太多，以免造成便秘或者消化不良。

3）用草本植物的木质化茎或者柳条等作为啃咬玩具时，要注意观察，看狗狗是否会吃下去：少量吃下去没有关系，但如果狗狗不加鉴别，想整段往下吞，马上用其他好吃的零食将其换走，不要再让狗狗啃咬。

（6）益智类玩具。

需要狗狗动脑筋的玩具，主要是各种漏食球。

（7）法宝玩具。

法宝玩具并不是特指某一种玩具，而是指在所有玩具中，狗狗最中意的那个。和小孩子一样，如果狗狗可以随意拿到任何玩具，那么它很快就会厌倦这些玩具。所以，主人最好把一件玩具藏在狗狗拿不到的地方，偶尔拿出来跟狗狗玩一下，作为奖励。狗狗就会特别喜欢这个它轻易玩不到的玩具了。我们家留下的法宝玩具是网球，通常只有出门的时候才跟它玩，即使在家里，也只有我主动邀请才能玩，它自己是拿不到的。

注意，主人必须把法宝玩具的控制权掌握在自己手中，否则，其就不能成为法宝玩具了。

最后还要提醒主人注意的是**不能给狗狗当玩具的物品。**

很多主人会顺着狗狗的心意把**破旧的衣服、鞋子、袜子**等物品随手丢给它玩。如果当您某一天发现它在咬您的新衣服、新鞋子、新袜子，并在起床后找不到自己的另一只拖鞋时也毫不在意，不会对它发火，那么您尽可以把这些破旧物品给它玩，否则，您就是在培养它咬衣服鞋袜的坏习惯。要知道，**狗狗是无法区分一件物品的新旧和是否有价值的。**所以，如果您不能允许它去咬某件新的、昂贵的、重要的物品，那么千万不要把类似的对人类来讲已经废弃的物品给它当玩具。

四、案例

瓯元被送到我家来接受教育的原因之一是在家里破坏了太多的东西，包括羽绒服、鞋子、家具等。

来到我家后，它也曾经尝试过咬我的电脑桌、鼠标线、餐巾纸、拖鞋、地毯等各种东西，但因为它一直处在我的严密监视之下，所以每次都被我及时发现，而且立即提供了"合法"玩具。结果很快它就转移了注意力，再也没有咬过这些东西了。

在我给瓯元提供了各类必需的玩具，并及时掐灭它企图咬"非法"玩具的苗头后，在我家训练的一个多月里，它从来没有搞过任何破坏。而且每次闲着无聊的时候，它就会去找个"合法"玩具出来玩。当然，只要我有时间，就会用它的"合法"玩具跟它玩上几个回合的互动游戏，以此鼓励它自己玩"合法"玩具，让它不至于厌倦。

当狗狗像瓯元一样，在无聊的时候会主动去拿自己的"合法"玩具来玩，并且连续几天没有咬"非法"物品的不良记录之后，就可以放心地对它开放所有的房间了。

第四节　分离训练

朋友Z小姐把家里的迷你红色贵宾犬"笨笨"送来培训。笨笨的问题之一也是在家里乱撒尿。但和瓯元不同的是，它在8月龄之前一切正常，是从8月龄开始突然每天在家里到处撒尿的。

了解情况之后，我判断，笨笨的这种情况很有可能是分离焦虑症造成的。

一、什么是分离焦虑症

关于分离焦虑症（SAD），琼·唐纳森解释说：

"大部分狗狗独自在家搞破坏的时候是在享受啃咬的快感，很多狗狗独自在家的时候会有轻度但是明显的抑郁——更恰当的说法是'失望'。但是，有些会发展成真正的焦虑症——分离焦虑症。一只感到无聊的狗狗在独处的时候可能会用咬东西和游戏来打发时间，而一只非常恐慌的狗狗则有可能不停地刨出口处，例如门框，希望能到外面去找主人，从而弄伤自己的爪子和牙齿。

"还有一些用来区分分离焦虑症和主人不在时的普通行为问题的症状：在主人离开前有焦虑的表现（气急、来回走动、流口水、颤抖、情绪低落以及躲藏）；独自在家时不吃东西，而且经常是主人快要离开时就开始不吃东西。

"分离焦虑症通常会在某件触发事件发生后发作。例如换了新家或者生活规律发生重大改变时，尤其是当这种改变会给狗狗带来一种强烈的落差的时候，即之前主人经常在身边，而之后必须要忍受主人长时间不在。"

从笨笨2个月大时来到Z小姐家，一直到它7个月大，Z小姐都没有上班，一天的大部分时间都和它在一起。在它8个月大时，Z小姐开始上班了，每天要把它独自关在家里8小时以上。显然这种生活规律的剧烈变化触发了它的分离焦虑症。

每次Z小姐在换上班穿的衣服的时候，笨笨就开始寸步不离地跟着她，等Z小姐走了以后，它就开始不停地扒门，同时发出哭一般的哀鸣声。Z小姐在家的时候，笨笨也很警惕。只要Z小姐一站起来，哪怕是进厨房倒杯水，或者上厕所，它都要紧紧地跟着。这些都是很明显的焦虑表现。而它在家里到处撒尿的行为，也是分离焦虑症引起的缺乏安全感的表现，它需要通过这种方式让Z小姐不在时家里能充满带给自己安全感的气味。

二、 如何避免分离焦虑症

要避免分离焦虑症的发生，最好是**从狗狗到家的第一天就开始进行分离训练**。

很多人会觉得狗狗既可怜，又可爱，为了让它尽快地适应新家，于是在狗狗刚来的时候一直陪着它。但这样做恰恰会适得其反：如果刚开始的时候您一直在狗狗身边，给它过度的关注，那么等您的生活恢复正常，无法一直陪伴它的时候，就会给它带来巨大的失望。严重的情况下，就会造成狗狗的分离焦虑症。

训练要点：

（1）**开始时间：从狗狗到家的第一天就开始训练。**

（2）**训练方法：经常性地让狗狗独自待上一小段时间。**

刚开始离开的时间要短一点，最好控制在5分钟之内。等到狗狗的反应不太强烈之后，开始逐步延长时间，如15分钟、半小时、1小时、2小时等。在狗狗刚到家的那几天，**要频繁**地进行这样的分离训练。

先训练"**内部分离**"。就是把狗狗放在"防狗"的房间，主人在房间里陪它玩一会儿，或者就待在房间里做自己的事情，然后关上房门，离开房间去上个厕所、倒杯水、做个饭等。让狗狗习惯即使主人在家也不会时刻跟自己在一起的情况。

然后训练"**外部分离**"。把狗狗放在"防狗"的房间，主人跟狗狗在一起待一会儿后，关上房门，离开家，出去倒个垃圾、买个菜等。

通过若干次这样的训练，就能让狗狗知道：

1）**主人不会总是在身边；**

2）**主人走了之后总会回来。**

（3）**选择好分离方式。**

可以**每次离开的时候都不跟狗狗打招呼**，也可以**采用"分离口令"，如"再见"**。要注意的是，无论您采取哪种方式，**表情和语气都要显得很平常，说完"再见"就离开，不要依依不舍、反复告别**，那样反而会让狗狗对即将面临的独处感到焦虑。

（4）**选择好重聚方式。**

不要在狗狗正在发出哀鸣声的时候出现在它面前，等它停下来时再出现。

主人不在身边时狗狗发出哀鸣声是正常的，这也是它们与生俱来的反应之一，但这个反应也是可以改变的。如果狗狗正在哀鸣时碰巧主人回来了，那么这种反应就被强化了，狗狗会觉得是它把"妈妈"叫回来的，以后如果"妈妈"不在身边就会叫得越来越厉害。

当然，和婴儿啼哭一样，狗狗发出哀鸣声，说明它有需求：饿了、渴了、冷了、热了、要尿尿/便便、害怕等。所以不是要主人对它置之不理，而是在它不叫的时候再去关注它。这样它就会学到：**叫的时候"妈妈"不会出现，但是不叫的时候"妈妈"总会来满足自己的需求。**

（5）奖励分离。

让所有的"好事"都发生在主人离开后刚回来的时候。

像吃饭、游戏、散步之类的"好事"最好都安排在主人离开后刚回来的时候，这样狗狗就会形成"主人离开=好事将临"的条件反射。

开始训练的时候，可以在狗狗开饭前刻意离开一会儿，然后拿饭来给它吃。还可以在进门后跟狗狗玩上几个回合的衔取、拔河或者扑咬等互动游戏，作为打招呼的方式。这样还可以避免狗狗养成以扑人动作来欢迎主人的坏习惯。

当然，像出门散步这样的"大好事"最好也安排在主人刚回来的时候。

这里所说的"离开"和"回来"可以是真实的，也可以是为了训练刻意安排的。

小贴士 　（1）建议晚上把宠物箱放到主人床边，让狗狗在宠物箱里睡觉。

这样既不会打扰主人，又能让狗狗有一定的安全感，而且还能让主人在狗狗醒来的时候及时带它去上厕所，帮助狗狗养成定点大小便的习惯。

但同样要注意的是，狗狗（尤其是刚离窝的狗狗）在刚开始独自睡觉的时候，也会不停地发出哀鸣声，这时候主人千万不要对它有任何反应，只要熄灯假装睡觉就可以了，尤其是不要在这时去抱它，或者让它到床上来。可以把宠物箱布置得尽量温馨舒适，让狗狗有安全感（参见第二篇第一章第一节"宠物箱训练"）。

（2）分离训练和前面讲过的定点大小便训练，以及啃咬习惯训练一起进行。

注意主人不在的时候一定要将狗狗关在限制场所，并在限制场所内放置狗厕所以及足够的玩具。

三、如何纠正分离焦虑症

在幼犬刚到家的时候就开始按上述方法进行分离训练是非常容易的。但是对于没有经过训练，已经患上不同程度的分离焦虑症的狗狗，该如何纠正这个问题呢？

我们需要尽快对狗狗进行分离训练。

训练要点：

（1）无法预测。

狗狗非常擅长观察环境的细微变化。如果主人每次出门前（例如去上班）都换上正式的衣服，拿上公文包，然后离开将近10个小时才回来，狗狗很快就能从这种变化中预测将要发生的离别，在主人刚开始换衣服的时候就开始焦虑。因为这时，狗狗已经形成了"正式衣服+公文包=主人要离开很久"的"坏的"条件反射。

因此，要消除狗狗的焦虑，**首先要让它无法预测**。主人在家的时候，经常故意换上平时上班穿的衣服，拿着上班用的包，离家5分钟左右，然后再回来。经常进行这样的练习，狗狗就不会一见到主人上班的打扮就开始焦虑了。

（2）逐渐脱敏。

和避免分离焦虑症的训练方法相同，让狗狗和主人**分离的时间逐渐加长**，先进行"内部分离"训练，再进行"外部分离"训练。要注意的是，因为狗狗已经有了分离焦虑症，所以，刚开始训练时一定不能心急，应多进行5分钟以内的短时分离，直到狗狗在和主人短时分离后非常放松，完全不会出现呜咽等焦虑症状后，再逐渐延长分离时间。

（3）分级奖励。

同样，我们需要**建立"主人离开=好事将临"的"好的"条件反射**。

要注意的是，每次主人外出回来时，**根据主人出门时间的长短，给狗狗的"好处"的级别也应有所区别。时间越长，级别越高。**例如出门时间只有5~10分钟，回来的时候可以给它一个大大的拥抱、抚摸它，以及跟它玩上一两个回合的游戏；10~30分钟，可以再增加一块肉干作为奖励；30分钟~2个小时，在前面的奖励基础之上，再立即带它出去散步。当然，吃饭也是很好的奖励。

您可以把自己想象成外出打猎的头狼，回家后，总是会带些"猎物"给独自在家的孩子。这样，狗狗单独在家时就不会焦虑了，因为它知道"爸爸妈妈打猎"去了。

（4）使用口令。

对于已经有分离焦虑症的狗狗，建议主人在和狗狗分离时使用**"分离口令"**，这样有助于狗狗尽快适应。每次主人离开前，可以用平淡的语气跟狗狗说"再见"或者"上班班"等，作为分离口令。这样，以后狗狗听到分离口令就知道主人要单独外出了，当然最主要的是，主人还会回来，而且还会带着"猎物"回来。

其他的要点和避免分离焦虑症的训练方法相同。

四、案例

笨笨来到我家后，我开始对它进行分离训练，步骤如下。

（1）经常换上上班穿的衣服，背上上班用的包，然后假装出门去"上班"。

（2）"上班"的时间由短到长，从5分钟到10分钟、15分钟，逐步延长。

（3）"上班"回来就给笨笨"好处"。

（4）根据"上班"时间的长短，"好处"有时候是好吃的零食，有时候是游戏，有时候是出门散步。

（5）出门时保持平静，不做出依依不舍的样子，不抱、不看笨笨，平静地离开。

（6）出门时用平静的语气和笨笨说"上班班"的分离口令。

（7）不在笨笨哀鸣以及扒门的时候进门。

刚开始，我一出门笨笨就会开始不停地哀鸣、扒门。我人还在院子里，就听见它在客厅的门后面一直不停地叫，持续时间长达10分钟以上。随着训练次数的增加，两天以后笨笨哀鸣和扒门的时间明显缩短了，变成不到半分钟，而且强度也明显减弱。一周后，只要一听我说"上班班"，它就会平静地趴在地上，一副很放松的样子。

第二章

社会化训练

社会化训练包括两个方面：**社交能力训练、接触和操作训练。**

第一节　社交能力训练

一、什么是狗狗的社交能力

所谓狗狗的社交能力，就是指**狗狗对自己生活环境中的各种事物，尤其是人、狗等的适应能力。**社交能力强的狗狗，性格随和，遇事淡定，不容易大叫、咬人/狗；而社交能力差的狗狗，性格敏感，很容易受到惊吓，动不动就会大叫，甚至咬人/狗。

很多人在评价一只狗狗时，往往会用"这只狗很乖，从来不叫/不咬人/不跟别的狗打架"或者"这只狗很凶，很会叫/会咬人（狗）"这样的标准。在新闻上，也常常可以看到"恶犬伤人"之类的字眼。但是很遗憾，这是我们人类对狗狗缺乏了解，按照自己的道德标准对狗狗进行的不正确的分类。其实世界上没有好狗和恶狗，只有**容易感到害怕和不容易感到害怕的狗。**

当一只狗狗对于接近自己的人或狗感到害怕时，它会采取"要么跑，要么打"的策略。这两种策略是祖先通过基因教给它的，也就是说是与生俱来的。虽然在人类看来迥然不同：采用第一种策略的狗狗似乎很胆小，而采用第二种策略的狗狗似乎很凶恶。但对于狗狗来说，无论是第一种策略，还是第二种策略，目的都是一样的：**加大与威胁者的距离。**

一般情况下，狗狗首先会采用的是**A计划，即逃跑**；但如果在特定情况下，如被主人牵着绳子或者抱在怀里，无法逃跑时，则会采取**B计划——攻击**。如果B计划奏效了，那么今后狗狗就会先采取被实践证明有效的B计划；如果B计划失效，则会自动转换成A计划。这就是为什么遇到狗狗对您大叫时，不要逃跑，要原地不动，同时避免与它对视。这样狗狗就会觉得B计划没有用，然后转换成A计划——逃跑（包括走开）。

其实不存在永远都不会咬人/狗的狗狗。如果一只狗从来不咬人/狗，真正的原因就是它还没有碰到让它感到害怕的人/狗，或者它感到害怕时都可以采取A计划，还没有被逼到要采取B计划的地步。从来没有咬过并不代表将来也不会咬。**扑咬及威胁性的肢体语言（准备开咬的信号）是狗狗用来解决各种大小争端的本能。**

其实我们人类也是如此。我遛狗的时候经常碰到四类人。第一类很喜欢狗，会走近接触狗；第二类没有特别的反应，正常地与狗擦肩而过；第三类很怕狗，在很远的地方就会避开；第四类很凶恶，在狗接近的时候会用脚把狗踹开。但是，如果仔细研究一下他们的心理，就会发现其实只有两类人。第一和第二类是同一类人，就是都不怕狗，只是程度不同而已。第三和第四类实际上都是怕狗的。当和狗狗距离太近时，他们就会因为害怕而采取自己避让或者踹狗的行为来加大和狗之间的距离。如果迎面而来的是一条凶猛的藏獒，那么相信第四类人就会迅速转化成第三类人了。

我们虽然不能保证自己家的狗狗一辈子都不攻击人/狗，或者其他动物，但是我们可以从小**培养它们的社交能力，让它们长大后充满自信，不会对日常生活中常见的事物感到害怕，偶尔见到陌生事物感到害怕，也能很快适应**。这样就能**最大限度地减小狗狗采取攻击行为的可能性**，让狗狗成为人类很好的伴侣。

二、社交能力的培养包括哪些方面

所谓社交能力的培养就是**让狗狗习惯甚至喜欢自己生活环境中的各种事物（声音和形象）**，主要包括以下几个方面。

1. 人类

要让狗狗从小多接触**各种类型的人，特别是小孩、男人和陌生人**。这三大类人是非常容易让狗狗感到害怕的。小孩的尖叫、啼哭、奔跑、伸手乱抓等行为，对于狗狗来说都是非常可怕的刺激。而男性可能是因为雄性激素的关系，会令很多狗狗天然地产生害怕的感觉。邮递员、快递员等特殊的陌生人，因为"形迹可疑"——靠近甚至进入狗狗的"领地"，高声"大叫"（大声喊"快递到了"），来去突然，穿着奇特（制服）等，往往容易遭到警惕性强的狗狗的攻击。

如果您养的是大型犬，那么还要特别注意让狗狗从小接触各种**老人**，这样可以避免它长大后看到这类人群因害怕而大叫或扑咬，造成不可预料的严重后果。

2. 同类

尽量让狗狗接触**各种品种、各种大小、各种颜色的狗**。如果是小型犬，不要因为害怕它被伤害而一味地不让它跟别的狗，特别是大型犬接触。而大型犬也要特别注意跟小型犬多接触。对于有些长大后看上去会比较"吓狗"的品种，如德牧、阿拉斯加等，则更要注意让它从小和各种狗交往。不然等到它个子长大后，就会因为长得"吓狗"而没有狗伙伴，同时也会造成它因害怕而产生攻击行为。

3. 常见的小动物

例如猫、鸡、兔子等。

4. 交通工具

自行车、摩托车、助动车、汽车等。

5. 其他

其他各种狗狗在将来的生活环境中可能会接触到的刺激。例如鞭炮声、焰火、门铃声、敲门声、电话铃声、电梯、自动扶梯等。

三、如何培养狗狗的社交能力

社交能力的培养，一定要**从"娃娃"抓起**。

动物对陌生的事物会产生好奇和害怕的心理。而我们知道，包括人类在内的任何动物，在小的时候，好奇心特别重，乐于探索一切陌生事物。随着长大成人（狗）后，胆子就会越来越小。这是因为，在年幼时，好奇心有助于动物尽快了解周围的世界。"初生牛犊不怕虎"就是这个原因。随着年龄的增长，动物已经逐渐了解环境中对于生存所必需的事物，此时陌生事物往往就代表着潜在威胁，因此会感到害怕，并且不愿意再去冒险探索。狗狗也是这样。

因此，伊恩·邓巴博士在*After You Get Your Puppy*一书里，开篇就写道："**首先要做的最紧迫的事情就是在您的狗狗12周之前，让它尽可能多地和各式各样的人接触，尤其是孩子、男人和陌生人。经过良好的社会化训练的狗狗长大后会成为很棒的伴侣犬，而社会化不好的狗狗则难以接近，训练起来费时费力，并且还具有潜在的危险性。**"

如果您养的是大型犬，就更有必要对它进行及时的社会化训练。有很多狗因咬伤人而被遗弃，这是十分可悲的。悲剧的根源并不在于狗，而在于人类。

狗狗在**5个月大之前**会打开探索世界的"窗"，而在这之后，这扇"窗"就会渐渐关闭，再对它进行社会化训练就会变得困难而缓慢。当然，如果您狗狗的年龄已经超过了5个月，那么我还是强烈建议您尽快对它进行训练，毕竟"亡羊补牢，为时未晚"。

训练要点：

（1）**训练开始的时间越早越好。记住，狗狗的最佳社会化时间是在5个月大之前。**

（2）**狗狗接受的刺激物（陌生人、动物、事物）种类和数量越多越好。**

为了能让狗狗在有限的时间内接触到尽量多的刺激物，应该有意识地、系统地寻找各类刺激物。例如，还不会走路的婴儿、蹒跚学步的幼儿、会尖叫奔跑的小孩、戴帽子的男人、长胡子的男人、拄拐棍的老人、邮递员、快递员、汽车、摩托车、自行车等，越多越好。可以请朋友帮忙扮演不同的角色，并制作表格来计划和记录狗狗接触各类刺激物的情况。

（3）**接触刺激物时，狗狗得到的反馈至少应该是中性的。**

如果是负面的反馈，则会让狗狗今后很害怕这类事物。如果是中性或正面的反馈，则狗狗以后不会害怕，甚至会很乐意接触这类事物。

（4）**接触刺激物的方式包括经过刺激物、主人在刺激物旁给狗狗喂食或者和它玩游戏，以及由刺激物给狗狗喂食或者和它玩游戏等。**

如果只是带狗狗经过前面所说的刺激物，而且它也没有表示害怕，那么它所获得的反馈就是中性的。

如果由主人在刺激物旁给狗狗喂食、和它玩游戏，甚至由刺激物给它喂食、跟它玩游戏，那么它所获得的反馈就是正面的。**正面反馈越多，它的社交能力就越强。**

我曾经遇到过一只因社会化不足而对陌生人产生攻击行为的狗狗。主人很不解，说："我经常带它去热闹的商圈，从人群中穿过，为什么还是社会化不足呢？"主要的原因就是狗狗一直获得的只有中性反馈，从来没有获得过正面反馈。

（5）**不能强迫狗狗接近刺激物，应诱导并耐心等待它主动接近。**

四、案例

下面介绍一下瓯元的社交能力训练情况。

瓯元以前很胆小，路上遇到陌生人容易"汪汪"叫，碰到比较凶的狗狗撒腿就往家里跑。瓯元为什么会这么胆小？

了解瓯元在家的生活情况，我们就会明白了。

瓯元大约在2个月大时来到它的新家。因为家里比较大，足够小小的瓯元在里面玩耍，所以它很少有机会出门遛弯儿。下雨天不能出去，雨后地还没有干的时候也不能出去，因为怕它把身上弄脏。这是爱干净的妈妈所不能接受的。在家里拉过了大便也不能出去，原因是它都已经拉过大便了，就不用出去了。这是爱偷懒的爸爸的借口。即使出门，它也往往是在清静的草坪上玩，很少有跟陌生人和陌生狗接触的机会。这么一来，在瓯元性格培养的最重要时期，就缺失了非常重要的一环：和社会接触。所以它很容易对陌生事物感到害怕。

那么胆小对瓯元的成长会有什么影响呢？

我们在前面已经了解了狗狗的A计划和B计划。如果胆小的问题不解决，就好像在它的身体里埋下了一颗定时炸弹。因为胆小，所以很多我们看来很普通的人或狗，对它来说都会是威胁者。在特定的场合下，一旦它觉得A计划不行的时候，就会转换成B计划。那时候，人们就不会用怜惜的口吻说："啊，瓯元真胆小！"人们会说："瓯元真会叫！""瓯元真会咬人！""瓯元真是条恶狗！"

下面是瓯元的社交能力培训一览表。您可以利用这样的表格系统地对自家的狗狗进行社会化训练。

瓯元的社交能力培训一览表（一）：和人类接触（节选）

刺激物	方式	反应	效果	时间
小孩				
4岁男孩	由男孩用绳牵着瓯元散步	愉快，乐意跟随	P	10分钟
一群6岁的小孩	瓯元在草坪玩游戏时小孩尖叫着在其身边来回跑动	没有反应	Neu	15分钟
一群5~10岁的小孩	小孩尖叫、奔跑、给瓯元喂食、给瓯元扔球、抱瓯元、摸瓯元	愉快	P+	30分钟
男人				
50岁男清洁工（穿制服、拿着扫把）	瓯元在草坪上训练时，清洁工在旁边停留观看	没有反应	Neu	10分钟
20岁男孩（戴眼镜）	到家中聊天，坐在沙发上不动	没有反应	Neu	1小时

续表

刺激物	方式	反应	效果	时间
女人				
40 岁女人	到家中聊天	没有反应	Neu	1 小时
40 岁女人（戴墨镜）	到家中聊天，由主人喂食	先因受到惊吓而大叫，喂食后安静	P–	1 小时
老人				
70 岁白发奶奶	到家中聊天，由主人喂食	先因受到惊吓而大叫，喂食后安静	P–	30 分钟
70 岁白发奶奶	路边经过，由主人喂食	先因受到惊吓而大叫，喂食后安静	P–	30 分钟

P=Positive（正面），Neu=Neutral（中性），N=Negative（负面）

瓯元的社交能力培训一览表（二）：和同类接触（节选）

刺激物	方式	反应	效果	时间
小型犬				
泰迪（王小嘟）	松绳让瓯元玩	愉快	P+	30 分钟
6 岁泰迪（丰儿）	松绳让瓯元疯玩	非常愉快	P+	30 分钟
3 月龄黑色贵宾（柚柚）	松绳让瓯元疯玩	非常愉快	P+	30 分钟
中大型犬				
1 岁金毛	相互闻气味	从小心地接近对方到邀请对方玩	P	15 分钟
边牧	狭路相逢，对方突然大叫，主人喂食	因害怕而吠叫，止吠后喂食，然后平静	N	1 分钟
伯恩山（Cash）	相互闻气味	略显害怕，小心地接近	Neu–	5 分钟
2 岁黑色拉布拉多（维尼）	松绳让瓯元疯玩	非常愉快	P+	30 分钟
金毛（Socks）	松绳让瓯元疯玩	非常愉快	P+	30 分钟

P=Positive（正面），Neu=Neutral（中性），N=Negative（负面）

瓯元的社交能力培训一览表（三）：和其他刺激物接触（节选）

刺激物	方式	反应	效果	时间
车辆				
轿车	主人牵着瓯元从小路步行至宠物店购物，路上偶有轿车经过	平和	P	1 小时
大卡车	大卡车鸣笛从附近经过，又突然倒车，主人牵绳停住，给瓯元喂食	因害怕而大叫，止吠后喂食，然后平静	Neu+	1 分钟
摩托车	摩托车轰鸣着经过	平和	Neu	/
其他				
宠物商店	松绳逛店，让瓯元试吃零食	开始略有害怕，对店员及顾客大叫，止吠后由主人喂零食，然后放松，闻包装好的零食	P	1 小时
自动扶梯	主人抱着瓯元上扶梯	平和	Neu	1 分钟
便利店	给瓯元买酸奶喝	愉快	P	5 分钟

P=Positive（正面），Neu=Neutral（中性），N=Negative（负面）

虽然瓯元在8个月大时才开始接受社交能力的训练，但是，亡羊补牢，为时未晚。经过1个月左右的训练，瓯元的变化是可喜的。出门散步的时候它充满了自信，面对经过的人和车，乃至头顶轰然飞过的飞机，都非常淡定；它开朗活泼，见到任何狗狗，无论体形大小均无惧意，并且非常乐于跟它们玩耍，成了人见人爱、狗见狗爱的小可爱。

第二节　接触和操作训练

接触和操作训练是狗狗社会化训练的另一个重要部分，指人类对狗狗的各种肢体接触和操作。

肢体接触和操作包括：人类的触摸，特别是伸出手去触摸狗狗的头顶及腹部、耳朵、牙齿、爪子等敏感部位；把狗狗抱在怀里；给狗狗刷牙、掏耳朵、梳毛、剪趾甲、擦脚、洗澡、吹风；给狗狗穿鞋子、穿衣服、戴牵引装备、戴口套等。

训练要点：

（1）越早开始训练越好。

虽然有些操作在狗狗到了一定的年龄才需要进行，但我们应该**尽早开始进行"演习"**。哪怕狗狗因为疫苗还未打全，不能出门或者在户外下地走路，也要在家里先给它练习用牵引绳。又如即使狗狗很小，还不需要剪趾甲，也要尽早经常用指甲剪空剪一下。

（2）循序渐进，让狗狗慢慢适应。

对于比较紧张胆小的狗狗，有些操作不要急于求成，要循序渐进，让狗狗慢慢适应。例如在正式洗澡前，可以经常性地用吹风机给狗狗吹风，时间由短到长，慢慢增加。第一次给狗狗洗澡时，建议用清水略微打湿一下毛发即可，便于快速结束。第一次给狗狗梳毛时，只要稍微梳几下，在狗狗反感之前就停止，之后慢慢延长时间。同样，第一次给狗狗刷牙时，也不要追求刷得干净彻底，而是用手指稍微擦几下牙齿就结束。

（3）用奖励给狗狗留下美好印象。

任何一项操作，都应该给狗狗留下美好的印象，而不是害怕恐惧的记忆。

在狗狗安静的状态下，给它从头到脚做个全身按摩，借此机会触摸它的全身。按摩本身就是一个很好的奖励。

对于其他的所有操作，包括给狗狗刷牙、梳毛、剪趾甲、洗脚、洗澡、吹风、穿鞋子、穿衣服、戴牵引装备、戴口套等，都可以通过在操作过程中用口头表扬"乖宝宝"并零食奖励的方式，让狗狗形成"好的"条件反射。

特别提醒：

如果您准备以后带狗狗去宠物店美容，最好在美容之前先带它去宠物店逛一逛，如果有可能，请美容师用手给它喂点零食，交个朋友，然后回家。这样逛了几次之后，等它喜欢去宠物店的时候，再正式带它去美容。

狗狗第一次美容时，主人最好在附近观察。如果没有从小习惯美容，很多狗狗在第一次美容时都会因为紧张而抗拒，从而招致不专业美容师的粗暴对待，这可能会导致狗狗以后对美容师，甚至所有陌生人产生攻击行为。

第三章

咬力控制训练

和社会化训练的紧迫性相同的一项训练就是**咬力控制训练。**

按照伊恩·邓巴博士的观点，狗狗必须在18周之前完成这项极其重要的训练。同样，如果您的狗狗的年龄已经超过18周，那么赶紧补上这一课还是会有一定效果的，只是相对来说会比较困难且进展缓慢。

第一节 咬力控制训练的意义

我们从上一章已经知道，经过社交能力训练的狗狗比较不容易产生攻击行为。但是这并不能保证它在任何情况下，都不会产生攻击行为。

狗狗不会说话，它所发出的一些轻微的警告信号，例如身体僵硬、皱鼻子、龇牙等往往容易被大大咧咧的人忽略。因此在一些特殊情况下，比方说被调皮的小孩揪疼尾巴了、生病的时候去医院打针或者受了外伤需要上药等，它可能会被迫用咬的方式来**警告人类：别碰我！**

这时狗狗采取攻击行为的目的并不是要伤害对方，而只是想警告对方。但是，因为人类的皮肤不像狗狗一样有厚厚的毛发保护，没有经过咬力控制训练的狗狗，就有可能在这种情况下，因为不懂得轻重，而**无心地造成不同程度的伤害。**

比如我邻居家有只边牧，性格比较敏感，估计是在一次寄养时受到过暴力伤害，有一次主人突然伸手想帮它摘掉头上沾着的树叶，边牧迅速地咬了主人的手，把主人的手咬得鲜血淋漓。咬完之后边牧吓得躲在房间里不敢出来见主人。这就是一个很典型的因为没有受过咬力控制训练而产生的伤害事件。它的本意其实只是想说：把手拿开，别碰我！

经过咬力控制训练的狗狗能够在被迫产生攻击行为时，懂得下嘴的轻重，能够很好地控制自己咬的力度，知道不能咬伤人类的皮肤，从而将伤害降至最低。

如果说**社交能力训练能够让狗狗把做出攻击行为的可能性降至最低，是我们预防狗狗对人类以及**

同类产生伤害事件的第一道关卡，那么**咬力控制训练则是为了让狗狗在被迫采取攻击行为时把伤害降至最低，是第二道关卡。**

不能把主人咬疼了……

　　主人，尤其是大型犬的主人，请一定要给自家的狗狗做咬力控制训练！

第二节　如何进行咬力控制训练

　　咬力控制的关键，第一在于**给狗狗反馈，让它知道自己刚才咬重了**；第二在于**后果，让它知道自己咬重了会产生怎样的后果。**（这里的后果是针对狗狗而言的。）

　　咬力控制的训练可以分为三个部分。

一、狗狗和狗狗之间的训练

　　在自然状态下，同一窝出生的狗狗每天会相互扑咬嬉戏。如果一只狗狗不小心咬重了，被咬的那一只就会"嗷呜！"地叫一下，然后暂停游戏。这样狗狗就知道自己把对方咬痛了，而且知道了如果自己把对方咬痛了，对方就不跟自己玩了。这样下一次它就会调整咬的力度。因此，如果是经常跟同龄的狗狗玩的狗狗，就能很自然地学会如何控制自己的咬力，长大后就不容易造成严重的"伤狗"事故。

但是，现在家养的狗狗，绝大多数在2~3个月大的时候就被迫离开了自己的小伙伴，进入了人类家庭。这样，狗狗就失去了最佳的咬力控制锻炼机会。

为了弥补这个损失，主人应设法**寻找有同龄狗狗的家庭，经常让狗狗在一起聚会，使狗狗获得跟同龄狗狗游戏的机会。**

当然，在给狗狗创造和同龄狗狗游戏的机会的同时，主人一定要特别注意狗狗的健康，要等狗狗打全疫苗之后再让它和别的狗狗一起玩耍，以免狗狗感染传染性疾病。户外地面上，尤其是草坪上别的狗狗留下的大小便很容易让幼小的狗狗染病，因此，3月龄以下的狗狗和同龄狗狗聚会的地点最好选在室内。在带狗狗去小伙伴家聚会时应把狗狗抱在怀里，等进了家门再放下来。主人进家门时要换鞋，以免通过鞋底将户外的病菌带到家里。

二、狗狗和人之间的训练

如果实在找不到适龄的狗狗和自家的狗狗做游戏，可以用狗和人之间的游戏替代。同时，由于人类的皮肤要比狗狗厚实的毛皮敏感得多，因此，即使能找到狗伙伴做游戏，也应该通过这一部分的练习让狗狗明白该如何跟人类接触。毕竟，咬伤了狗事小，咬伤了人事大。

我们可以通过以下两种方法来进行这个训练。

（1）扑咬游戏。

主人把狗狗扑倒在地上，一边跟它打闹，一边把手伸进狗狗的嘴里让它咬，就像狗狗之间的打闹一样。狗狗会非常喜欢这样玩。

一旦狗狗咬得有点重了，主人要"嗷呜"大叫一声，并立即中断游戏，从狗狗身边逃开，并且假装舔舔自己的"伤口"。

等过一会儿再重新开始游戏。

这样逐渐提高标准，就可以让狗狗咬的力度变得越来越小。

最后把手放在狗狗的嘴边，不伸进去。如果狗狗张嘴碰到你的皮肤，也要跟前面一样给狗狗反馈，并中断游戏。这样，狗狗就会知道人类的皮肤真是太娇嫩了，碰也碰不得。

训练要点：

1）游戏中断的时间跟狗狗咬的力度成正比。

如果狗狗咬得很重，真的让人感到很疼，就要多舔一会儿"伤口"，多中断一会儿；如果不那么疼，只是为了提高标准而假装很疼，休息一会儿就可以了。休息的时间以狗狗没有失去游戏的兴致，仍然眼巴巴地期望你继续游戏为宜。

2）游戏的开始和结束必须由主人决定。

如果狗狗主动来扑咬你，想跟你玩，不要理它，等它安静下来再玩。结束的时候可以用一个结束游戏的口令，例如"下课"，然后果断结束游戏。

3） 尽量请不同的人来跟狗狗玩这个游戏。

这样做有利于狗狗把咬力控制普遍化。先让狗狗跟成年人玩，等狗狗能控制不碰到人的皮肤时，再请小朋友在成人的监督下做同样的训练。

4）避免误伤。

刚开始训练时，建议戴上手套，以免真的被幼犬咬伤。幼犬虽然咬合力还不强，但是乳牙非常尖，容易划伤人的皮肤。

当狗狗用力咬住主人的手时，不要强行抽出手，那样反而容易被它尖锐的牙齿划伤。可以在"嗷呜"尖叫一声的同时，另一只手呈握杯状，用五指叩击狗狗的头顶，在它松开牙齿的一瞬间抽回手。

（2）用手喂食。

用手指捏着食物给狗狗吃。如果狗狗咬痛手指，就跟上一个训练一样，立即"嗷呜"大叫一声后逃开，同时取消给狗狗的食物，"疗伤"一会儿再重新开始。逐步提高标准，直到狗狗在咬取食物的时候，牙齿不会碰到人的手指为止。

案例：

我家留下在做这个训练之前，当我用手指给它喂鸡胸肉、火腿肠之类的食物时，它常常会因为迫不及待而咬痛我的手指。有一次还把外婆的指甲咬出了瘀血，半年才痊愈。后来我开始给它反馈。当我"嗷呜"大叫一声逃开时，它会用充满歉意的眼神看着我，好像在说："对不起，我不是故意的。"当我再给它喂食的时候，它会先退后几步，然后小心翼翼地从我手里把食物叼走，生怕再咬痛我。

训练要点：

1）食物的品种由低级到高级。

先用"普通"食物，即不是狗狗最迷恋的食物，例如狗粮、饼干等，开始练习。等狗狗达到要求后，再用"高级"食物，即狗狗非常喜欢的食物，例如鸡胸肉、鸭锁骨等，重新练习。因为对于"普通"食物，狗狗不会那么着急想吃到，不容易咬到主人的手指；而对于肉干、骨头等狗狗非常喜爱的食物，则狗狗很有可能因为急于吃到食物而咬到主人的手指。

2）食物的尺寸由大到小。

先用稍大一点的食物开始练习。等到狗狗不会咬到人的手指后，再换成尺寸小一点的食物，"引诱"狗狗咬到人的手指。重新开始练习。等用尺寸小一点的食物狗狗也能达标后，再减小尺寸。直到拿着很小的食物狗狗也不会咬到人的手指为止。

刚开始练习的时候，食物的大小为用手指捏住后，超出指端1厘米左右，然后逐步减小食物的大小，最后到超出指端1毫米左右。

如果食物很小，狗狗最后会学会用舌头把食物舔走，而不会用牙齿咬。我曾经这样给一只德牧一粒一粒地喂剥了壳的瓜子，而从来没有被它咬到过手指。

3）先做专门的训练让狗狗掌握要求，再在其他训练中奖励的时候进行巩固。

刚开始先通过专门的训练让狗狗掌握要求，即准备一些训练用的食物，让它坐下后，用手指喂食。如果咬到手指，就取消喂食，暂停后重新开始。这样反复10次左右作为一节课。可以利用用餐时间，将狗狗的部分口粮用这样的方法喂食来训练。

等狗狗掌握要求后，可以将这个训练贯穿到所有其他训练中。在进行其他训练需要对狗狗进行食物奖励时，可以用同样的标准来进行。这样可以很好地巩固训练成果。

4）请不同的人来做这个训练。

这也是为了让狗狗能把同样的要求普遍化。

我的做法是，凡是刚到我家来的客人，我都会让他们给留下喂点零食。这样既可以让留下迅速停止对他们大叫，产生好感，还能地让客人帮我做一下这个训练。

三、狗狗和其他小动物之间的训练

这部分训练不是必要的。但是如果有机会，或者狗狗将来有可能要跟其他小动物（如猫咪、兔子、鸡等）相处，建议也让狗狗训练一下。

这个训练的目的是让狗狗了解这些小动物的承受能力，将来长大之后能够温柔地对待它们。

训练的方法很简单，即像狗狗和狗狗之间的训练一样，创造让狗狗和其他小动物一起游戏的机会。

训练要点：

1）先隔离。

先将狗狗和其他小动物隔开，让双方在看得见、听得见、闻得到，但是碰不到的情况下相互熟悉一下。

2）有控制地接近。

等双方没有明显的害怕表现后，**有控制地让双方慢慢接近**。最好是用牵引绳控制着狗狗逐渐接近对方。

3）零食奖励。

一边接近，一边用**零食奖励**双方。让这种近距离接触对双方来说都成为一种"好的"条件反射。

4）安全第一。

如果发现双方都没有攻击的意图，可以松开牵引绳让狗狗自己和其他小动物玩。但刚开始必须处在主人的监控之下，以免狗狗误伤这些弱小的朋友，也避免狗狗被猫咪抓伤或者被鸡啄伤眼睛。同时要确保这些小动物是健康的，以免将疾病传染给狗狗。

瓯元和笨笨到我家来培训的时候，正好我收养了5只不足月的小猫。经过几天相处之后，两只狗狗都已经能很温柔地跟小猫打闹了。

第三篇

如何做狗狗的首领

PART THREE

哗啦

第一章

首领错位引发的错误行为

在英国训犬师简·费奈尔的畅销书《狗狗心事》及美国训犬师西泽·米兰的电视系列节目《报告狗班长》中都提到了做受到狗狗承认的首领，对于成功训犬的重要意义。虽然做狗狗的首领并不能解决一切问题，但根据我的亲身实践，如果主人能成为狗狗眼中的权威首领，确实能轻易解决不少问题，尤其是在纠正成年犬的行为问题时。

我们知道，犬是社会动物。在犬类的群体里是必须有一个首领的。当狗狗进入人类家庭后，它就会很自然地把一起生活的主人一家和自己看成一个群体。如果在它眼里，主人不够格当首领，它就会义不容辞地担起首领的重任。而事实上，在人类社会中，狗狗是无法担此重任的。如果狗狗自视为首领，就会带来很多问题。反之，如果由主人来担当首领，就能预防和纠正这些问题。因为首领错位而产生的行为问题主要有以下几类：为守护资源而咬伤主人，因为缺乏安全感而产生攻击行为，叫不回来。

第一节 为守护资源而咬伤主人

很多狗主人曾跟我抱怨："我家狗狗今天疯了，居然咬我！"主人之所以说自家的狗狗"疯了"，当然是因为狗狗平时很乖。究其原因，就会发现要么是主人企图去拿走狗狗吃剩的食物，要么是想去收走狗狗的玩具，或者是心血来潮，想把它赶下平时它一直霸占的沙发。还有一种情况比较特殊，就是狗狗在发情期遇到了中意的配偶，却被主人"棒打鸳鸯"。这些原因看似各不一样，但归根到底，都属于狗狗守护资源的行为。

虽然我们可以理解狗狗为了守护资源而发起攻击行为，但是要知道，狗狗一般是不敢对自己的首领发动攻击的，不要说咬，甚至连最低级别的警告——低吼都不敢发出。

因此，要避免主人被狗狗误伤，尤其是家中如果有小孩，务必**让狗狗明白自己是家中级别最低的成员，主人才是首领**。

第二节　因为缺乏安全感而产生攻击行为

狗狗的大多数攻击行为是害怕引起的。**主人如果能成为一个合格的首领，给狗狗足够的安全感，这类攻击行为就会大大减少，甚至消失。**

例如，当主人和狗狗一起散步时，遇到另一只狗狗，如果狗狗自认为是首领，同时又对另一只狗狗感到害怕，就有可能会用大叫甚至扑咬之类的攻击行为来赶走对方，保护自己和主人。但是，如果主人是被狗狗承认的首领，而且在这种情况下能保持淡定，就会把安全的信息传递给狗狗，从而让它很快放松下来，觉得完全不必害怕，当然更不需要大惊小怪地发动攻击了。

第三节　叫不回来

　　带狗狗出去散步时最重要的就是召回狗狗，也就是狗狗在听到主人的召唤后要能够尽快回到主人身边，这样主人才能放心地松开绳子让狗狗在安全地带自由玩耍。

　　我却常常看到这样的情景：主人一遍又一遍地召唤自己的狗狗，调皮的狗狗充耳不闻，只顾自己玩耍。

　　虽然我们可以用零食等好处来对狗狗进行专门的召回训练，但是，如果您是首领，让它回到您身边就会变得更加容易。因为，**首领负责带领下属去打猎，而下属必须跟随首领。**

　　我一直对留下用零食奖励的方法进行召回训练。在绝大多数情况下，只要我轻轻地呼唤一声，它就会立即跑回我跟前，以期获得奖励。但是在特殊情况下，例如它跑去流浪猫喂养点的时候，就会对我的召唤充耳不闻，一心想偷吃猫粮。这时，我只好祭出法宝，让留下的爸爸把它叫回来。让我羡慕的是，爸爸从来不给它吃东西，却只要坐在屋里大喝一声"留下"，它就会一个"急刹车"，乖乖地跑回家来。唯一的原因就是，它认为爸爸是家里的首领！！

第二章

做首领的标准是什么

既然要做狗狗的首领，最好的办法当然是虚心向狗狗学习怎么当首领。

我们家留下很有当首领的经验。下面就让它来告诉我们**合格的首领的标准是什么**。

第一节　首领享有的权利

留下第一次当首领是2012年6月在丽江束河古镇旅游的时候。那时候它和客栈养的金毛Jacky热恋了半个月，留下每天小鸟依人地跟Jacky同进同出，恩爱有加。但是，从以下几件事情上可以看出，恩爱归恩爱，留下的首领地位还是毋庸置疑的。

虽然那时留下已经让Jacky留宿在自己的客房内，但是一到开饭时间，它就毫不犹豫地开始清场：对着循味而来的Jacky，用最高分贝的声音"汪汪汪"地叫个不停，皱起鼻子，露出雪白的牙齿，同时还不断地冲到Jacky面前，直到把它赶出房门为止。留下一副"要是敢接近我的饭碗，就对你不客气"的凶狠模样，丝毫不念"夫妻之情"。而身材是留下两倍多大的Jacky居然一声不吭，乖乖地到门外的地板上趴着去了。等到留下吃饱喝足，心满意足地离开食盆后，才允许可怜的Jacky来舔食自己的残羹冷炙。

这就是做首领的第一条标准：享有对食物的分配权和优先权。

只有首领才可以第一个用餐。首领不吃了，下属才能开始吃首领剩下的。

还有一次，我给留下吃大棒骨。经过留下的教育，Jacky已经很自觉了，在留下吃东西的时候绝对不敢接近它。这次也一样，Jacky远远地趴在地上，连看都不朝留下看，但它嘴角不断淌下的口水却暴露了它正在强忍着内心的渴望。

首领没让我吃，我得忍住。

大棒骨对于留下来说属实是块啃不动的硬骨头。舔干净了骨头上的肉，又把软骨部分啃掉之后，留下对这块硬骨头失去了兴趣，离开它走到一边休息去了。我把骨头拿到远处的卫生间，让Jacky来吃。到底是大狗，Jacky几下就把骨头给咬开了，露出了里面美味的骨髓。闻到了香味，留下起身过来巡视，发现骨头已经被咬开了，立即对着Jacky龇牙"汪汪"叫，Jacky随即乖乖地放下了嘴里的骨头，留下则理所当然地叼走了骨头，心安理得地开始享受Jacky的劳动成果。

这是做首领的第二条标准：享有对食物的独占权。

一切食物都是首领的，之前是，今后也是。首领有权随时收回赏赐给下属的食物。

虽然Jacky对留下可谓百依百顺，但留下并不专一。每次跟Jacky出门散步时，都肆无忌惮地当着Jacky的面去和别的公狗暧昧。而Jacky除了对"想吃天鹅肉"的公狗们示威，对花心的留下是不敢怒也不敢言。

这是做首领的第三条标准：享有对配偶的占有权。

所有配偶都是首领的。首领想宠爱谁就宠爱谁，下属不可觊觎亦不可吃醋。

留下第二次当首领是2013年3月5日以来，在上海的家中跟瓯元相处的这段时间。瓯元当时才7个月大，而且是在跟留下没有产生任何感情的情况下，突然来到家里的。这样的情况跟和Jacky在一起的情况又有所不同，但留下照样是首领。除了吃饭和散步，它还从别的方面向瓯元表明了自己的地位。

瓯元刚进家门的时候，留下用咄咄逼人的叫声和架势给它来了个下马威：不准它去厨房，不准它去餐厅，不准它上沙发，不准它进卧室。只要瓯元一有往这些禁区去的企图，留下就会立刻冲过去，对着它凶巴巴地大声吼叫。而可怜的瓯元则被吓得呜咽了整整一天。大概是看着瓯元还算老实，又或许是管得实在是太累了，第二天开始，留下放松了管理。除了开饭时间不允许瓯元进厨房和餐厅，对于其他便睁一只眼闭一只眼了。但是一到晚上睡觉的时候，只要瓯元一跳上我和留下睡觉的大床，它就会立即把瓯元赶下床去。甚至当瓯元半夜三更偷偷摸摸地跳上床来的时候，睡得正香的留下也会一骨碌起身，精神抖擞地和瓯元展开战斗，直到把它赶出卧室。

所以，做首领的第四条标准是：享有领地权。

首领有权在家里划分禁区，未经允许，下属不得擅自闯入。

除了给狗当过首领，留下还是家里几只从小被收养的猫的首领。留下3岁时，4只才十几天大就不幸失去了妈妈的猫来到了我家。从那时候起，留下就一直以小猫们的首领自居。如果小猫们调皮捣蛋，例如在家里横冲直撞或者抓家具，它就会立即冲过去干预。小猫们也很尊重留下这位狗姐姐：每次我带着它外出回来，小猫们就会围过来，亲一亲留下的嘴表示问候，而留下则会很有风度地站住，淡定地接受小猫们的问候，然后继续前进。它从来不会主动问候小猫们，也从来不会给予小猫们同样热情的回应。但是每次我回到家时，它总是会很激动地上前来又舔又抱地主动问候我。

这是做首领的第五条标准：享有重聚时被问候的权利。

下属应主动问候首领，而首领只要淡定地接受问候就可以了，不用给予同等程度的回应。

以下就是留下告诉我们的，做狗首领所享有的权利。

（1）对食物的分配权和优先权。

（2）对食物的独占权。

（3）对配偶的占有权。

（4）领地权。

（5）重聚时被问候的权利。

第二节　首领肩负的责任

热恋期间，留下和Jacky每天在客栈门口的小路上散步。Jacky身材高大，所以每次一出门，总是跑在留下的前面。但它每次都会在很快地跑到留下前面几十米之后，停下来回头看看留下。如果留下朝它的方向走，它就会站在那里，等留下快走近的时候，再快步跑一下，然后再等待。如果发现留下换了方向，Jacky就会迅速掉头来追赶。总之，Jacky虽然腿长跑得快，但它总是时时刻刻留意留下的行动，而且总是跟随留下的方向。留下则总是自顾自地左顾右盼，想去哪里就去哪里，从来不管Jacky在哪里，仿佛知道Jacky总会跟着自己似的。

后来，我收养的流浪狗越来越多，最多的时候达到8只。留下一直都是当之无愧的首领。我经常会设法找一块安全的场地，松开牵引绳让它们自由活动。需要集合的时候，我总是先叫留下，只要留下朝我跑过来，其他7只狗狗就都会跟着留下跑到我跟前。

这是做首领的第六条标准：负有带领团队打猎的责任。

出门打猎，由首领负责带路。下属要紧跟首领，不要走丢，否则后果自负。

　　我带着留下和瓯元散步的时候，发生过一件事情。当时它们俩正松开牵引绳在一个草坪上玩，这时来了一只两岁的松狮"辛巴"。

　　留下胆小，但它向来是先选择A计划，看到大狗都是采取"惹不起，躲得起"的态度，所以早就离得远远的了。瓯元则还是充满好奇地跟我待在辛巴附近。没想到，辛巴突然朝瓯元追了过去，一边追还一边不停地大叫。被吓了一大跳的瓯元抱头鼠窜。但瓯元哪里跑得过身形矫健的辛巴，很快它就被辛巴追上了。辛巴近距离地冲着瓯元高声大叫着，看上去好像就要咬到它了。这时候，很有意思的一幕出现了：被逼上绝路的瓯元，迅速地从失败了的A计划切换到B计划，它狠了狠心，索性停住了脚步，露出上下两排白森森的牙齿，用比辛巴还要高一度的声音大声地叫起来。看到瓯元遇险，早就躲在远处的留下突然奋不顾身地冲了过来，和瓯元一起对着辛巴大叫。看到姐弟同心，身材高大的辛巴显得有点投鼠忌器，终于停住叫声，后退了（从B计划切换到A计划）。

　　从这件事上我们可以学到做首领的第七条标准：负有在险境中保护下属的责任。

　　遇到危险时无论有多害怕，首领都有责任保护下属。

　　以下就是留下告诉我们的，做狗首领所肩负的责任。

　　（1）带领团队打猎。

　　（2）在险境中保护下属。

第三节　首领的基本素质

　　我家在一楼，透过客厅的落地玻璃门可以清楚地观察到院子外面的动静。留下和瓯元就自动担起了看门的职责。一有什么风吹草动，就会冲到门口"汪汪"大叫。

　　仔细观察，就会发现一个有趣的现象。瓯元因为初来乍到，对周围情况不熟，加上社会化不足，所以无论谁经过门口，都会大惊小怪地冲过去大叫一番。而留下则是有区分的。它趴在地上睡觉时也能知道来的是什么人。如果是每天都会经过的邻居，则无论瓯元怎么叫，它都很淡定地趴在地上不动。而瓯元叫了几声之后，看到留下没有反应，知道其实危险并不存在，就自动偃旗息鼓了。而对于快递员之类的留下认为具有威胁性的人群，则通常它会在瓯元之前开始大叫。这种时候，瓯元则会在没有搞清状况时毫不犹豫地跟着留下一起叫。

我常常举的一个例子是《西游记》里经常出现的场景。当巡逻的小妖怪发现有情况时，总是会慌慌张张跑进山洞，一惊一乍地喊道："大王，大王，不好了，不好了！"而大王则总是威严地端坐在宝座上，镇定地说："莫要慌张！慢慢道来！"

这是做首领的第八条标准：保持镇定。

下属是很容易受首领情绪的影响的。如果首领表现出很紧张甚至惊慌失措的样子，那么下属就会觉得危险很大，会更加惊恐。相反，首领如果表现镇定，就会把安全的信息传递给下属，从而让下属很快地安定下来。

以上就是留下告诉我们的，做首领需要具备的基本素质：遇事不惊慌，保持镇定！

第三章

如何做狗狗眼中的首领

很多主人以为自己给狗狗吃的、喝的、穿的、用的，还天天带它出去散步，理所当然自己就是狗狗的首领。但事实上，如果主人的一举一动不符合狗狗关于一个有威望的首领的标准，那么它不但不会把主人当成首领，还会自己担起首领的重任，给主人带来一系列的问题。

下面就让我们对照狗狗的标准来看看**怎样才能让狗狗把主人视为首领**，以及哪些行为会让狗狗把**主人视为下属**。

第一节　您享有首领的权利吗

一、对食物的分配权和优先权

（1）不要这样做!

以下行为容易让狗狗误认为自己对食物享有分配权和优先权，从而把主人当成下属看待。

1）把食盆直接放在地上让狗狗吃饭。

2）把食盆放在地上，狗狗把嘴伸过来抢食的时候，主人从不加以阻止。

3）主人在用餐的时候，经常中途从餐桌上给狗狗食物。

4）主人在吃零食的时候，和狗狗你一口我一口地分享。

（2）应该这样做!

以下做法可向狗狗表明主人对食物的分配权和优先权。

1）给狗狗吃饭前，先当着它的面假装从它的碗里吃一口。

2）把食盆放在狗狗面前，主人离开食盆后狗狗才可以开始吃。

3）主人在用餐的时候从不在中途从餐桌上给狗狗食物。

4）主人在吃零食的时候从不和狗狗分享。

二、对食物的独占权

（1）不要这样做！

以下行为容易让狗狗误认为自己对食物享有独占权，从而把主人当成下属看待。

1）把食盆给狗狗后，不再去碰它，直到狗狗把饭吃完为止。

2）给狗狗吃狗咬胶、肉骨头之类需要啃较长时间的零食之后，不会再把零食拿回来，而是让狗狗自己吃完。

（2）应该这样做！

以下做法可向狗狗表明主人对食物的独占权。

1）给狗狗吃饭时，经常中途返回拿走食盆，假装闻一闻或吃一口之后再还给它。

2）给狗狗吃狗咬胶、肉骨头之类无法一口吞下的零食时，经常中途返回拿走零食，假装闻一闻或者吃一口之后再还给它。

3）狗狗在地上捡到肉骨头之类的垃圾时，立即走到它跟前，要求它吐出捡来的垃圾，拿走后换成允许吃的零食给它。

4）见到狗狗准备去捡地上的垃圾来吃的时候，厉声说惩罚口令"No"，阻止它去吃，然后主人捡起来扔掉，再给狗狗其他的零食吃。

训练方法见第四篇第七章"捡垃圾吃"。

注意，如果狗狗已经超过3月龄，并且已有护食的行为，中途拿走食盆或者零食的训练可能会导致狗狗产生护食攻击行为，因此应在专业人员指导下进行这项训练。而2~3月龄的幼犬则几乎没有危险性。因此应尽早开始这项训练。

三、对配偶的占有权

（1）不要这样做！

以下行为容易让狗狗误认为自己对主人（"配偶"）有占有权，容易把主人当成自己独占的配偶看待。

主人当着自家狗狗的面去抚摸其他狗狗，如果自家的狗狗"吃醋"则立即终止抚摸，并离开其他狗狗。

（2）应该这样做！

以下做法可向狗狗表明主人对于所有"配偶"有占有权。

主人经常当着自家狗狗的面去抚摸其他狗狗，尤其是与自家狗狗同性别的狗狗。

四、领地权

（1）不要这样做！

以下行为容易让狗狗误认为自己对家中所有地方享有领地权，容易把主人当成下属看待。

1）允许狗狗占领家中的任何地方，包括主人的床。

2）从来不要求狗狗让路，当狗狗挡道时，总是绕行或者从它身上跨过。

3）进/出家门时，任由狗狗冲在前面先进/出门。

（2）应该这样做！

以下做法可向狗狗表明主人对于一些重要场所的领地权。

1）主人不希望狗狗在某个时间到某个领域时，将它"驱逐"到界线外。例如主人在厨房做饭时，将它赶到厨房门外；主人在拖地时，将它赶到正在清洁的房间以外；主人要看电视时把它赶下沙发等。

2）狗狗躺在地上挡住主人去路时，不绕道或者从它身上跨过，而是直接走到它身边停住，用肢体逼迫它起身让开后再通过。

3）准备进/出门时，如果狗狗在主人前面冲到门边，先让其退后，等主人先进/出门后，再让它通行。

小贴士　（1）在"驱逐"狗狗或者要求它让路时不要用武力强行把它推走，或不断高声嚷嚷"走开走开"，而只需冷静地逼近它，表情严肃，直视其眼睛，耐心等待它自己后退。如果它不后退，可以发出"呜——"的警告声，同时用腿轻触其身体，迫使其后退。

（2）在"驱逐"狗狗的时候，主人一定要有充分的自信，告诉自己"这个地盘是我的"，要有"此山是我开，此树是我栽"的气势。

五、重聚时被问候的权利

（1）不要这样做！

以下行为容易让狗狗误认为自己享有重聚时被问候的权利，把主人当成下属或者同级别的同伴看待。

重聚时主人主动问候狗狗，或者当狗狗问候主人时，给予拥抱、亲吻等热烈的回应。

（2）应该这样做！

以下做法可向狗狗表明主人享有重聚时被问候的权利。

重聚时狗狗主动来问候主人，主人只是淡定地接受问候，不给予回应。

第二节　您担负了首领的责任吗

一、带领团队"打猎"

（1）不要这样做!

以下行为容易让狗狗误认为自己负有带领团队"打猎"的责任，从而把主人当成下属看待。

1）散步途中狗狗拉扯着牵引绳在前面跑，主人在后面跟着跑。

2）散步时由狗狗决定路线，主人在后面跟随。

（2）应该这样做!

以下做法可向狗狗表明主人有带领团队"打猎"的责任。

1）"打猎"途中给狗狗系上牵引绳，让它"随行"，不允许它拉扯着牵引绳冲在前面。

2）"打猎"时主人决定路线，并且经常改变路线。

> **小贴士**　只要牵引绳保持松弛的状态，并且由主人决定前进的方向，那么狗狗即使走在主人前面也是完全允许的。同样，如果是在松开绳子的状态下，也可以允许狗狗跑到主人前面。

二、在险境中保护下属

（1）不要这样做!

以下行为容易让狗狗误认为主人没有能力保护自己，或者自己负有保护团队的责任，从而把主人当成下属看待。

遇到让自家狗狗害怕的狗时，主人放任不管，让狗狗自己逃跑，或者任由狗狗通过攻击行为将对方赶跑。

（2）应该这样做！

以下做法可向狗狗表明主人有能力保护团队。

遇到让自家狗狗害怕的狗时，主人能在狗狗自卫之前让对方走开。

> **小贴士** 害不害怕不是由主人说了算的，而是由狗狗说了算的。主人应观察狗狗是否有紧张的情绪和发出警告（参见第六篇第二章第二节"打架的形式有哪些"），不要自认为对方的狗狗没有伤害性，而强迫狗狗去和对方接近，或者放任不管。

第三节 您具有首领的基本素质吗

留下刚来的时候有一次在河边跑，我怕它掉进河里，就在后面拼命追赶，边追边声嘶力竭地喊叫："留下，回来！"现在看来，那是完全没有首领风范的表现。留下自然也不会听我的，反而发了疯似地在岸边狂奔，引我去追它玩。

又例如，我经常见到一些小型犬的主人，在遇到大型犬时，立刻把牵引绳拉紧，生怕对方咬到自家的狗狗。殊不知，主人的紧张情绪会通过拉紧的牵引绳传递给狗狗，更加让狗狗觉得对方是个可怕的家伙。而拉紧的牵引绳又让狗狗无路可逃，于是狗狗只好孤注一掷，对着大狗狂叫甚至扑咬。这样的主人显然不是合格的首领，因为他无法带给自家的狗狗安全感。

我认识一只叫小黑的混血西施犬。因为社交能力的欠缺，小黑见到任何狗狗都会由于害怕而狂叫，做出一副要攻击的样子。每逢这时，它主人总是生气地高声责骂："别叫！再叫我打你了！"甚至还会真的打它几下。但是主人打骂得越厉害，小黑会叫得越凶。因为主人的这种狂躁情绪，会让小黑觉得自己的害怕是有道理的。

只有保持镇定的首领，才能给狗狗充分的安全感，让狗狗产生信任感。

第四节　确认首领地位的各种仪式

狗是很守规则的动物，同时也喜欢生活有规律。因此，通过一些仪式化的行为，我们可以更方便地教育狗狗从小尊重主人，承认主人的首领地位。

一、用餐礼仪

要想成为被狗狗承认的首领，这是最重要的一个环节，因为只有首领才有对食物的掌控权（详见第三篇第四章第一节"树立首领权威"）。

二、出门礼仪

每次出门散步之前，让狗狗先在门内等候，等主人先出门，经允许后狗狗才可以出门（详见第三篇第五章第一节"强化首领权威"）。

三、重聚礼仪

主人和狗狗分离后重聚时，由狗狗主动来问候主人，主人只是淡定地接受问候，并不给予热烈的回应。

第四章

——————

如何给狗狗吃饭

看到这一章的标题,您可能会发笑:"狗狗自己不会吃饭吗?"您还别说,如何给狗狗吃饭真的是大有讲究的。吃得对,可以借机对狗狗进行很多教育;而吃得不对,则会让狗狗养成很多坏习惯。

第一节 树立首领权威

吃饭对狗狗来说,可是生命中头等重要的活动,因为这事关生存。在等级森严的狼群中,吃饭是有严格顺序的。群狼打猎获得的猎物,只有头狼吃完了,下属才可以吃。头狼在进食的时候,下属再饿,也只能咽着口水在一边等待。享有对食物的分配权和优先权是头狼地位的象征。从狼进化而来的犬类仍然保持着这个习性。

一、首领享有的关于食物的权力

(1)首领享有对食物的分配权和优先权。

只有首领才可以第一个用餐。首领不吃了,下属才能开始吃首领剩下的。

得等主人吃完了我才能吃.

（2）首领享有对食物的独占权。

一切食物都是首领的，之前是，今后也是。首领有权随时收回赏赐给下属的食物。

二、用餐礼仪

我们可以利用给狗狗吃饭的机会，通过一些仪式性的行为，明确自己的首领地位，这些行为称为"用餐礼仪"。**训练要点如下。**

（1）主人"护食"，宣示所有权。

把食盆放到地上之后，主人蹲在食盆前不动。等狗狗准备冲到食盆前抢食的时候，主人立即严厉地说惩罚口令"No"，同时马上趴在食盆前面，双手放在食盆两侧的地面上，让食盆处于自己胸口下方，用头部或者胸部护住食盆，同时低头用低沉的声音发出"呜——"的威胁声，警告狗狗"请勿靠近"，表明自己对食物的所有权。这时狗狗通常会做出后退、转头假装不看食盆的动作，就说明警告起作用了。如果狗狗不后退，可以用一只手用力推一下狗狗的胸部，迫使其后退。这是**模仿狗狗的护食行为**，非常容易让狗狗理解：**首领才有权护食，主人才是首领。**

（2）首领优先。

主人先假装从狗狗的食盆里吃上一口。为了表演得逼真，可以在狗狗的食盆里放上一个小碟子之类的干净容器，把一块饼干放在碟子里，当着狗狗的面真的把这块饼干放进嘴里吃掉。

通过这个动作，可以明确告诉狗狗：我是"老大"，我吃完了，你才可以吃。

如果您从来没有这么做过，那么第一次做的时候，您很可能会看到狗狗有明显的变化：不像以前一样，食盆刚一落地，甚至还未落地就把头伸过来吃饭，而是后退几步，把头扭开不看食物，好像不想吃饭似的。如果狗狗是这样的反应，那么恭喜您，您的狗狗已经明白现在您是首领了。

有些人为了维持首领地位，会将狗狗的吃饭时间安排在主人自己吃完饭之后。其实这是没有必要的，而且我也不建议这么做。

因为首先狗狗的进食频率和人是不一样的。狗狗小的时候，一天需要吃4顿；而成年以后，一天只要吃1~2顿就可以了。如果您每次都在自己吃完饭之后再给狗狗吃饭，会让它形成一种条件反射，即只要主人吃完饭自己就可以吃饭了。

同时，为了方便管理，我们希望狗狗能够学习到"主人在餐桌上用餐和自己无关"，从而无论主人什么时候用餐，狗狗都会很放松地在远处做自己的事，而不会到桌边来等待食物。而在主人自己吃完饭后再给狗狗吃饭的做法，恰恰让狗狗建立起了主人用餐和狗狗用餐之间强烈的相关性，容易让狗狗养成到桌边乞食的坏习惯。

最后，也是最重要的，如果主人只是在自己吃饭之后再给狗狗吃，但并没有采取上述假装从狗狗的食盆里吃一口的做法，那么对狗狗来说，它仍然掌握着对食物的分配权，因而并不会承认主人的首领地位。

> **小贴士**　（1）刚开始，每次给狗狗吃饭前都必须由主人先"吃"，等首领地位被狗狗确认以后，就不需要每次都这么做了，但是也需要经常随机重复这样的"仪式"。
>
> （2）在场的家庭成员应按"地位高低"轮流"吃"一遍，再给狗狗吃。这样可以让它明白自己在这个群体里地位最低，从而避免很多行为问题。

（3）听令禁食训练。

主人吃完饼干后，稍微后退两步，但是眼睛仍然盯着食盆。如果狗狗准备过来吃食，应立即厉声发出禁食口令"No"，并迅速用身体盖住食盆，同时发出"呜——"的警告声。等它停止抢食的动作后，再把身体移开。

这个动作传递给狗狗的信息是：**即使是主人吃剩的东西，未经允许，下属也不可以吃。**

这个训练不但可以进一步向狗狗强化主人的首领地位，而且还能让它养成未经主人允许不吃食物的好习惯。在特殊情况下，尤其是当狗狗在户外企图捡垃圾或者便便吃的时候，主人可以用这个方法阻止。

> **小贴士**　（1）刚开始时需要每次都这么做，等狗狗养成食盆放在面前，不去抢食，而是会主动看向主人，等待指示再吃的习惯后，就可以随机地做这个训练，进行巩固即可。
>
> （2）如果要达到阻止狗狗捡垃圾或便便吃的目的，则还需要在户外用零食做同样的训练，使这个动作普遍化。

（4）听令进食训练。

几秒钟后，主人用愉快的声调和表情发出允许进食的指令，例如"吃饭饭"，然后离开食盆，并不再盯着食盆看。正常情况下，狗狗会在主人离开以后再开始进食。如果主人刚移开盖住食盆的身体，狗狗又立刻冲过来抢食，则重复前面的禁食指令和护食动作，直到狗狗学会等待主人离开后再进食。

（5）再次宣示所有权。

在狗狗进食过程中，主人要突然回来走到食盆边，发出"呜——"的警告声；如果狗狗听到警告后没有停止进食并后退，就一边警告，一边用手（注意做好防护，例如戴上防咬手套）推其胸部，迫使其后退；然后自己拿起食盆，假装吃一口之后，再放下。然后重复步骤（4）。

这个动作告诉狗狗：**所有食物都是首领的，首领有权在任何时候将食物收回来自己享用。**

这个训练在强化主人首领地位的同时，还具有以下两个实际的意义。

1）预防或纠正狗狗护食的问题。

食物是首领的，地位最低的狗狗没有权利在首领想要拿走的时候抗争。

2）预防或者纠正狗狗挑食的问题。

吃饭时动作要快，不然首领有可能回来自己吃了。

> **小贴士**　（1）不需要每个家庭成员都练习这个动作。但凡是有可能去收狗狗食盆的家庭成员都应练习一下，以避免以后在收食盆时因狗狗护食而被咬。
>
> （2）刚开始时需要每次都这么做，等狗狗能很平静地对待食盆突然被拿走的情况时，就可以随机进行巩固了。
>
> （3）拿走食盆后，可以当着狗狗的面往里面添加一点食物，这样可以让它形成"拿走食盆=更多食物"的条件反射。
>
> （4）对于已经养成护食习惯的狗狗，在进行这项训练时可能会遭到狗狗的攻击，应在专业人士的指导下进行该训练。但是对于尚未养成护食习惯的幼犬，做这项训练没有危险，并且有助于强化主人的首领地位。

三、"狗嘴夺食"，巩固首领权威

除了通过在正餐的时候对狗狗进行用餐礼仪的训练来建立主人的首领权威，我们还可以利用较大的狗咬胶等狗狗无法一口吞下的零食做类似的练习，进一步巩固主人的权威，即在狗狗啃咬狗咬胶的时候，从它嘴里拿走狗咬胶，假装啃咬一下再还给它。我把这项训练称为"狗嘴夺食"。

训练要点：

（1）安全第一。

"狗嘴夺食"要注意安全。大的狗咬胶是比较理想的"道具"。因为狗咬胶体积较大，主人可从露在牙齿外面的部位下手，不易被咬到。

如果主人比较怕狗，或者狗狗已经养成护食习惯，或者是未经咬力控制训练的中大型犬，在做这项训练时会有一定的危险，请不要轻易尝试，应在专业人员的指导下进行该训练。

但是对于玩具犬或者3~4月龄的小型犬，做这项训练有助于巩固主人的首领权威，并且比较安全。

（2）不要强夺。

"狗嘴夺食"时一定不能强行抢夺，那样会让狗狗养成对抗的习惯，等它长大之后，尤其是大型犬，如果主人的力量不足以抗衡，反而会让它处于支配地位。

（3）利用首领权威。

主人应冷静地走到狗狗身边，蹲下，直视其眼睛，利用首领权威，等待它主动放下食物，就像留下问Jacky要骨头时所做的一样。如果它不放下，可以继续逼近，同时用低沉的声音发出"呜——"的警告声。

一般情况下，狗狗如果承认主人的首领地位，那么当主人贴近它时，它就会乖乖地吐出食物。

如果它不吐，则可以用一只手捏住食物露在牙齿外面的部分，不要用力拉，另一只手呈握杯状，叩击狗狗头部，同时继续发出低沉的"呜——"声，模拟狗狗发出的警告声和攻击动作，同时耐心等待它松嘴的一瞬间。

（4）"大棒"加"胡萝卜"。

"夺"到狗咬胶，主人假装吃一下之后，应还给它，或者给它更"高级"的东西。这样做的目的是让它"放心"，主人拿走了"宝贝"之后仍会还给它。我把这种方法称为"大棒"加"胡萝卜"。

（5）决不退缩。

如果狗狗护住食物，并发出"呜——"的警告声，甚至"汪"的叫声乃至空咬，主人都不能退缩，否则就会让狗狗养成用攻击行为来护食的习惯，而且会让狗狗产生自己的地位高于主人的想法。为了避免主人因害怕而放弃，或者被误伤，刚开始训练时主人一定要做好充分心理准备，并戴上手套。

（6）选择合适的场地。

刚开始训练从"狗嘴夺食"时，最好选择一个空旷的小空间，这样万一狗狗叼起食物逃跑时，主人可以很容易地进行阻拦。如果让狗狗逃跑成功，下次它嘴里有食物时，只要看到主人接近，就会迅速逃跑。相反，如果连续几次逃跑失败，狗狗也会很快放弃努力。

（7）普遍化训练。

除了"夺食"，还应经常用同样的方法"夺取"狗狗正在占有的玩具或其他任何物品。这样做的目的是让它明白，家里所有的东西都是主人的，主人才是首领。

第二节　　"猎食"天性的出口

除了利用给狗狗进食的机会建立主人的首领地位，我们还可以利用这个机会让它**消耗"猎食"天性带来的旺盛精力，以及愉快地消磨独自在家的寂寞时光。**

有的狗狗精力超级旺盛，尤其是在六七个月大、进入"青春期"之后，它们除了睡觉，似乎一刻也静不下来。当主人不在家的时候，它们就开始到处搞破坏，还想方设法偷吃东西。对付这样的"调皮鬼"，除了培养正确的啃咬习惯、藏好一切不允许吃的食物，还可以利用进食的机会，尽量模拟它们的祖先在丛林里必须进行的"打猎"活动，来增加它们获得食物的难度，消耗它们的精力，引起它们对于"打猎"活动的兴趣，从而转移它们对一切"破坏"活动的注意力。

主人可以做的行为如下。

（1）用漏食球等益智玩具取代食盆，放置狗狗正餐吃的狗粮。

漏食球的好处是让狗狗无法几口就把狗粮吃完，而是要动手动脑才能一粒一粒地吃到狗粮，除了能消耗精力，进食的时间也大大延长，因此狗狗可以消磨独自在家的时光。

此外，经过设计，特意加大狗狗进食难度、能减慢进食速度的慢食盆也是不错的选择。

（2）把狗粮藏在房间的各个角落，让狗狗自己去"猎取"。

主人在出门之前把相当于一顿正餐数量的狗粮藏在房间的各个角落里，并根据狗狗的熟练程度设置不同难度。刚开始可以只是简单地放在门背后、橱柜边等容易找到的角落，等狗狗了解游戏规则后可以藏在地毯下、垫子下、纸盒里等难度较高的地方（参见第五篇第二章第三节"打猎"）。

对于喜欢跳跃和爬高的狗狗，可以在安全区域内，例如狗狗的长期限制场所内，将食物放在需要它直立或者跳跃才能够到的高处。

对于有刨地爱好的狗狗，例如㹴类犬，也可以把适当的食物（例如装了食物的漏食球）用干净的小石子或者沙子等材料埋在塑料盆里。

对于特别喜欢撕咬的狗狗，可以把几粒狗粮包入布中，在外面紧紧地缠上一层又一层的布条，打上尽可能多的结，做成绳球。

总之，没有困难，我们就要开动脑筋制造"困难"，把简单的吃饭变成一场刺激的"打猎"游戏。

这个方法的优点是：低成本；难度可调；可以将喜欢到饭桌上偷吃东西的狗狗的注意力转移到安全地带。其缺点是：需要主人动脑筋，花时间去布置现场。

总之，利用好狗狗吃饭这件大事，可以让您的狗狗更加听话，让它跟您在一起的生活变得更加多姿多彩。

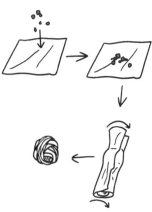

第五章

如何带狗狗散步

跟主人出门散步是狗狗生活中吃饭之外最重要的事情。因为根据它们的老祖宗——狼遗传下来的信息，这相当于要去打猎了。

很多人把带狗狗散步当成带狗狗上厕所，等它拉完便便就立刻回家；有些人是让狗狗"遛人"，狗在前面带路，主人在后面跟着；有的人虽然是带着狗狗散步，但是每天都是按照同一条路线散步；等等。殊不知，这些遛狗的方式，会在不经意间让狗狗养成不好的习惯。其实，我们可以把散步变得跟打猎一样有趣，更重要的是可以利用这个过程轻松地对狗狗进行各种训练，让它举止得体。

第一节 强化首领权威

我们可以利用带狗狗散步的机会，再次强化自己的首领权威。

从本篇第一章中，我们已经了解到，首领负有带领团队打猎以及在险境中保护下属的责任。在狼群中，首领负责带领大家出门打猎并制订路线，而下属则应跟从首领。具体的措施有下面三条。

一、要遵守出门礼仪

每次必须主人先出门，狗狗才可以出门。

训练要点：

（1）开门前，主人用腿轻推狗狗的身体，用肢体语言迫使其退后。然后让狗狗坐下并不动（训练方法见第五篇第一章第四节"坐下别动&解散"）。

（2）主人走到狗狗的前面，尽量用身体挡住狗狗后开门，同时重复"别动"的指令。

（3）如果狗狗坐着不动，就立即奖励。如果它已经挤出门去，主人就立即贴近它，用腿部坚定而轻柔地推它，迫使它退回房间。然后重复坐下别动的指令。

（4）狗狗坐着不动后，主人可以开始换鞋，或者稍微离开狗狗几步。目光仍然注视着狗狗，并用口令和手势要求它继续保持不动。

（5）等狗狗坐着不动保持数秒钟后，主人可以用欢快的语调下达出门的口令，例如"走了"，允许狗狗出门。

> **小贴士**　（1）应逐步提高标准，即逐步延长狗狗保持不动的时间以及主人跟狗狗之间的距离。
> （2）任何时候都遵循一个原则：狗狗不可以抢在主人前面冲出门去。

二、要由主人制订"打猎"路线

当主人在安全地带给狗狗松开绳子后，它很有可能会飞快地跑到主人前面去，或者饶有兴致地在有狗尿味道的树前逗留，又或者遇上了狗朋友打个招呼等，这些都是允许的。甚至如果牵引绳够长，狗狗会一直走在主人前面，只要它没有拉紧绳子将主人拽着走，这也是允许的。这些也正是狗狗对"打猎"一直保持高昂兴致的重要原因。

但关键是，主人要不时改变路线，经常拐个弯，去一个陌生的地方，而且**说走就走，不要主动招呼狗狗，更不要招呼了以后还站在原地等待**。如果在松绳的情况下害怕狗狗走丢，可以躲在遮挡物后面观察，看到狗狗实在找不到主人时，再现身。这样狗狗在做自己感兴趣的事情的时候，脑子里会时刻有根弦绷着：要跟好主人！主人的首领地位也会因此而更加牢固。当然，由此带来的直接好处就是，别人会看到你有一只很听话的狗狗。如果一直由狗狗自己决定"打猎"的路线，而主人只是在后面跟随，那么要小心了，它很有可能已经把自己当成首领了。

除了改变路线，**经常变化走路的节奏**，时快时慢，时而缓行，时而奔跑，也能让狗狗更加注意跟随主人，并提高它对散步的兴趣。

如果在散步的时候，狗狗无论跑多远，尤其是在遇到岔路的时候，都会不时地停下来看一眼您的行进方向再跑，并且会在您转变方向后，主动追随，那么恭喜您，它已经认同您的首领地位了。反之，如果狗狗只顾自己低着头跑，从来不知道抬头观察您，那么，它一定没把您当成首领。

三、遇到危险，主人应保护下属，并制订"战略方针"

外面的世界很精彩，但也充满危险。在散步途中，当遇到让狗狗感到害怕的人或狗时，主人应在狗狗被迫采取攻击行为之前，设法"击退敌人"——让对方离开，或者采取"走为上"的策略——及早带领狗狗离开。

但是尽量不要采取突然把狗狗抱起来躲避危险的保护方式。那样不仅会让狗狗因为害怕而做出不停大叫的攻击行为，还有可能导致主人被对方狗狗攻击，而且会让狗狗永远都学不会如何自己面对"险情"。也不要猛拉牵引绳，那样只会把主人的紧张情绪传递给狗狗，导致它采取攻击行为。

第二节　进行服从性训练

我们还可以利用带领"打猎"的机会，对狗狗进行一些服从性训练，例如，坐下——别动、随行、召回等。

一、坐下别动

正如在上一节提到的，在出门前应教会狗狗根据"坐下"和"别动"的口令安静地坐着等待。在训练过程中，可以用食物进行奖励。但是如果在最后一步，狗狗可以安静地坐着不动，用激动的语调允许它出门，对狗狗来说就是很大的奖励了。所以，利用出门"打猎"这个机会，可以很好地巩固坐下别动训练的效果，还不用一直给它零食奖励。

另外，还可以在散步过程中，经常强化坐下别动的训练。例如看到远处有狗朋友时，可以先让狗狗坐下别动，然后予以口头表扬，并带它去和狗朋友玩。这对它来说是比零食还要高级的奖励呢！

二、随行

跟随是从第一次带狗狗出门开始就必须训练的安全课程之一。这个课程可以让你们的"打猎"过程变得安全而又轻松（训练方法见第四篇第三章"向前冲冲冲"）。

三、召回

召回也是基础安全课程之一。在狗狗第一次出门前，就应在家里先训练召回，然后从第一次出门开始，经常在散步的过程中进行练习（训练方法见第四篇第一章"叫不回来"）。

第三节 社交能力培养

带狗狗散步是对狗狗进行社交能力培养，即社会化训练的大好时机。

在第二篇第二章"社会化训练"中介绍了对狗狗进行社会化训练的重要性，以及如何进行社会化训练。经过良好社会化训练的狗狗，长大后能更好地适应人类社会，并成为很好的陪伴犬。伊恩·邓巴博士在*After You Get Your Puppy*一书中建议，狗狗在进行社会化训练时，每天至少要见3个不同的人和3只不同的狗。而遛狗就是对狗狗进行社会化训练的最佳时机。所以，我们最好利用遛狗的机会，尽量让狗狗接触不同的人和狗，以及其他新鲜事物，而不要总是选择僻静的地方。

第四节 养成良好的排泄习惯

我常常看到赶时间去上班的主人，着急地催促狗狗拉大便，以便完事了赶紧回家赶去上班。而狗狗却东闻闻西嗅嗅，一点也没有要便便的意思。

其实狗狗迟迟不肯拉大便的习惯，十有八九是主人造成的。因为聪明的狗狗发现，每次一拉完大便，散步这样的美事就立即结束了，而只要不拉便便，自己就可以一直在外面玩。所以狗狗就养成了不到万不得已不拉大便的习惯，甚至发展为在户外不拉，回到家了随地拉的习惯。

如果您刚开始养小狗，那么最好从一开始就让它养成良好的排泄习惯，这样以后在您赶时间的时候会很方便。训练方法见第二篇第一章第二节"定点大小便训练"。

第五节 燃烧过剩的精力

一定要利用散步的机会尽量地消耗狗狗的精力，这样等它独自在家的时候才不会因为精力旺盛而感到无聊，从而想方设法搞破坏了。要把散步当成真正的打猎，这样不但能消耗狗狗的精力，也能让散步变得非常有趣，从而加强您对狗狗的控制力。

可以快速消耗狗狗精力的办法如下。

一、和同类游戏

碰到狗朋友时，尽量松开绳子让它们自由活动。在追逐、扑咬的过程中，不但能让狗狗迅速燃烧过剩的精力，还能加强它和同类的社交能力。但是，如遇到陌生狗狗，要注意以下安全事项。

（1）**一定要询问对方狗狗是否有过打架的"前科"。**

如果有，就尽量不要松绳让自己的狗狗跟对方狗狗玩。除非您已经掌握了如何让害怕的狗狗放松的技巧。

（2）**一定要询问对方狗狗的性别和发情状况。**

一般来讲，异性在一起不太会打架。而如果两只都是公狗，同时又有一只发情的母狗在场，那么两只公狗为了争夺配偶而大打出手的可能性就很大了。一般每年春秋两季为狗狗发情的季节，主人要特别注意。

（3）**一定要留心双方狗的肢体语言。**

如果有任何一只狗狗在原地站住不动，身体僵硬，或者皱起鼻子、露出牙齿，喉咙里发出"呜呜"的低沉警告声，那么千万要小心，这只狗狗已经感到害怕了！在它放松之前，不要让两只狗狗再接近了！

（4）**一定要教导狗狗有礼貌。**

在松开绳子之前，先引导狗狗有礼貌地慢慢接近对方，并且互嗅气味，等双方有游戏的意愿之后再松开绳子。在游戏过程中，如果一方因为兴奋过头而做出了出格的举动，主人应立即让双方暂停，等平静下来后再继续游戏。

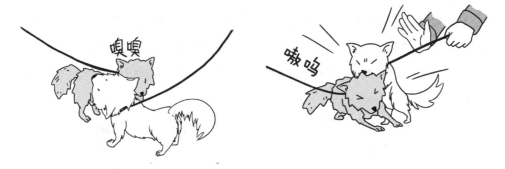

二、衔取游戏

记得出门的时候带上您家狗狗喜欢的球，到了草坪上把球扔到远处，越远越好，让它衔回来后，再扔出去。还可以把球扔到茂密的草丛中，或者藏在附近的灌木丛里，然后让它用鼻子把球找出来（参见第五篇第一章第七节"衔取"）。

三、躲猫猫

趁狗狗忙着低头闻味道或跟其他狗狗打招呼时，主人赶紧找个能观察到它的地方躲起来，和它玩躲猫猫游戏。等它找到您时，给它一个大大的拥抱和零食奖励（参见第五篇第二章第二节"躲猫猫"）！

四、摔跤游戏

如果小区里有块干净的大草坪，又碰上风和日丽的天气，那么跟狗狗来场激烈的摔跤游戏吧！就像两只狗狗在一起玩那样，主人把狗狗扑倒在地，和它打闹（参见第五篇第二章第四节"摔跤游戏"）。

第六节　怎么带狗狗回家

现在我们的狗狗已经排空了大小便，上过了课，也玩得筋疲力尽了，该是回家的时候了。不过对于精力无穷的狗狗来说，似乎怎么玩都不够。所以，主人一定要注意方式方法，千万不要把狗狗叫过来，系上牵引绳后粗暴地拉着它就回家。这样会让狗狗觉得"来"和系牵引绳都是坏事情的征兆，以后就不会乖乖听话了（参见第四篇第一章"叫不回来"以及第二章"不肯系牵引绳"）。

带狗狗回家的正确方法如下：

（1）把狗狗召回后，要用夸张的表情和语调进行表扬。

（2）轻柔地系上牵引绳后再给予口头表扬以及零食。

（3）用高兴的语调跟狗狗说："回家咯！"然后带领狗狗回家。

（4）如果狗狗赖着不肯走，千万不要心软允许它再玩一会儿。那样会让它耍赖的行为越来越严重。如果用牵引绳拖不动它，可以在说完"回家咯！"之后转身就走，不要站在原地等，更不要回头朝狗狗的方向走。当狗狗发现主人真的走了的时候，很快会追过来。那时候可以表扬它一下，然后牵着它回家。

（5）为了不让狗狗觉得回家是"好事结束"，最好在饭前带狗狗出门散步（这样在户外也比较容易用零食对狗狗进行控制），然后回家就立即开饭。这样狗狗就会把回家和另一件大好的事情——吃饭联系起来了。

回家咯！

第四篇

坏习惯的预防及纠正

PART FOUR

第一章

叫不回来

经常有一些主人会一遍又一遍地召唤着远处的狗狗，狗狗却充耳不闻，继续做着自己感兴趣的事情：跟小伙伴玩耍，闻草坪上的气味等。还有些主人则一直小心翼翼地抓着狗狗的牵引绳，任何时候都不敢松开，因为一松开就叫不回狗狗了。

狗狗一被放开就叫不回来，即无法召回，是常见的行为问题之一，也是狗狗走失的重要原因。

第一节　无法召回的坏习惯是如何养成的

让我们先来看看狗狗是如何养成这个坏习惯的。

还记得狗狗刚到家的时候吗？两三个月大的狗狗是非常招人喜爱的。它总是喜欢跟在主人身边，主人只要一叫它的名字，甚至不用叫名字，只要蹲下来朝它拍拍手，它就会立刻乐颠颠地跑到主人身边。

主人觉得好玩极了，于是常常叫狗狗的名字逗它玩。等它过来的时候，就摸摸它毛茸茸的小脑袋，但更多的时候是什么也不做，只是想看看它是否真的知道自己的名字。

短暂的"蜜月期"很快过去了，狗狗开始不时地闯祸：在地毯上撒尿，咬坏家里的衣物，偷吃各种东西……每次主人发现"罪证"的时候，就会大叫狗狗的名字，等它来到跟前后一顿打骂。这以后，狗狗不再傻乎乎地像以前一样，只要主人一叫自己的名字，任何时候都会立即开心地跑过去了，而是学会了"察言观色"：如果主人叫自己名字的时候是一副生气的样子，就夹着尾巴躲到桌子底下，免得过去又挨打。当然，只要主人不生气，它还是很乐于听从主人的召唤的。

到了可以出门的年龄，主人开始带狗狗到户外去散步。青草、鲜花、蝴蝶、小猫、狗伙伴……外面的世界对于第一次出门的狗狗来说是那么刺激、有趣，它在草坪上流连忘返。这时，主人叫它的名字了。它赶紧跑到主人跟前。谁知主人随即给它系上了牵引绳，拉着它离开了草坪，回家了。聪明的狗狗很快发现，每次只要自己听从主人召唤回到他跟前，在外面玩耍的好事就立即结束了。于是下次主人再叫的时候，它只是远远地抬头看一眼主人。当它发现主人还站在原地时，就假装没听见，低头继续玩。

宝贝！

主人叫我，肯定要回家了，
不能理他，不去不去，继续玩儿！

而主人发现平时一叫就过来的狗狗这次居然毫无反应，以为它没有听见，于是加大嗓门继续叫狗狗的名字。这次，狗狗连头都懒得抬了。因为它听到主人的声音就知道主人还在原地等着自己，所以放心大胆地继续玩。

主人有些生气了，于是一边喊着狗狗的名字，一边向它跑过去，想把它抓住。玩心正重的狗狗以为主人来和自己玩"追逐"游戏了，于是调皮地朝远处跑去，以便让主人不停地追自己。

现在，狗狗听到主人叫自己的名字，就知道他在和自己"玩游戏"。于是，主人喊得越大声，狗狗跑得越不亦乐乎。

就这样，没过多久，狗狗就变成了本章开头所描述的那样！

还记得我们在第一篇第二章第二节"操作条件反射"中提醒读者记住的话吗？对了，**狗狗总是努力让好事开始、坏事结束，避免好事结束、坏事开始**。当狗狗逐渐发现自己听从主人的召唤后，得到的不是"好事结束"——终止玩耍，就是"坏事开始"——挨打受罚，当然就不会再听从召唤了。而当狗狗对主人的召唤置之不理时，得到的就是"好事继续"——可以继续玩，或者是"好事开始"——主人来和自己玩追逐游戏。结果这种行为就得到了强化。

因此，要想让狗狗听到主人召唤后，乖乖地回来，**关键就是主人在任何时候召唤了狗狗之后，都能让狗狗觉得"好事要开始了"，永远都不会在召唤之后让"坏事开始"**。

如果您实在忍不住要打骂狗狗，那么至少应该自己走到它跟前去惩罚，而不要坐在远处，把它叫到跟前来打一顿。

第二节　如何预防狗狗养成无法召回的坏习惯

在城市养狗，预防狗狗"撒手没"，最好的办法就是从小进行召回训练。

根据2021年5月1日起实施的《中华人民共和国动物防疫法》，携带犬只出户应系狗绳，但如果只是给狗狗系狗绳，不进行召回训练，那么意外挣脱狗绳，好不容易获得自由的狗狗，就像是断了线的风筝，难以召回了。所以，即便您一直给狗狗系狗绳，也应该对狗狗进行召回训练，以防万一。

有时候，为了让狗狗开心，主人会带狗狗去野外玩。在山里撒开腿儿跑一跑，感受一下久违的自由，是多么令狗愉快的事情啊！但是，如果没有经过召回训练，狗狗极有可能因为一时兴奋，和您走散。

召回训练是保障狗狗安全的必修课程之一。

第一单元：室内专项训练

先在家里同一个房间内距离狗狗2~3米处对狗狗进行"过来"的训练（详见第五篇第一章第五节"过来"）。

第二单元：室内实战训练

训练要点：

（1）趁狗狗没有注意主人，例如趴在地上发呆，或在玩自己的玩具的时候，对它随机地进行如上一单元的训练。

（2）刚开始先用口令加手势让狗狗"过来"，成功召回3~4次后，可以开始单独用口令或手势进行召回。单独用手势训练时，如果狗狗一开始没有看到主人，可以先叫它的名字吸引其视线，然后做出"过来"的手势。

（3）等狗狗在家里任何时候都能迅速回应主人的召回指令时，便可以进入下一单元。

第三单元：户外专项训练

训练要点：

（1）开始带狗狗到户外进行召回训练的时候，一定要选择一处没有其他猫狗干扰的安静地方，以免狗狗的注意力受到影响；同时应选择四周封闭的场所，避免狗狗意外走失。

（2）松开牵引绳，让狗狗自由活动几分钟，然后用口令加手势将其召回。奖励后再让它自由活动。

（3）成功召回3~4次后，可以开始单独用口令或手势进行召回。

（4）当狗狗任何时候在户外安静的地方都能迅速回应主人的召回指令时，便可以进入下一单元。

小贴士　　（1）经过基础训练之后，可以在散步途中，在确保安全的情况下，将牵引绳松开，让狗狗自由活动几分钟，然后召回，继续前进。过一会儿再重复松绳—自由活动—召回—前进的过程。这时，能够继续前进就是很好的奖励，不一定每次都需要用零食进行奖励。

（2）还可以两人在安全的地方相距数米站好。一人先将狗狗召回，奖励后，另一人再将狗狗召回。如此反复，让狗狗在两人之间奔跑。狗狗会非常喜欢这样的互动游戏。

（3）有些品种的狗狗，例如边牧、柴犬等，特别喜欢衔取游戏，可以在召回后和狗狗玩扔飞盘或者球的游戏作为奖励。

第四单元：户外实战训练

训练要点：

（1）在户外松绳让狗狗自由活动，然后趁其没有注意主人时发出召回指令。奖励后再让它自由活动。

（2）刚开始训练时，不要在狗狗玩得最兴奋时进行召回，而应该在它差不多玩累时再召回。

（3）召回后可以让它休息几秒钟，再自由活动。每次休息的时间要有变化，逐渐延长。

（4）重复3~4次召回—奖励—自由活动的过程，最后一次召回后，给狗狗系上牵引绳，奖励后带它回家。

小贴士　（1）如果是天热的时候，将玩累的狗狗召回给它水喝，也是一种很好的奖励。

（2）最好把就餐时间安排在回家后，那样玩得饥肠辘辘的狗狗就会觉得回家也是好事。

（3）如果主人发出召回指令后，狗狗没有立即反应，而是继续在做自己的事（闻气味、尿尿、游戏等），好像没听见一样，主人不要不停地重复指令，而应立即坚定而缓慢地往反方向走。不要担心它没有听见，因为狗狗的听觉能力比人类高很多。只不过它们跟小孩子一样，经常会"选择性失聪"。

等狗狗追上来后，根据情况进行不同级别的奖励：如果反应很慢，就口头表扬；如果反应较快，就用"普通"食物奖励；如果反应很快，就用"高级"食物奖励。这样以后狗狗回来的速度就会越来越快了。

切忌狗狗回来后对它进行打骂。还记得我说过的关于奖励和惩罚的及时性吗？狗狗主动回到主人身边后，对它进行责罚，其实是在惩罚它"回到主人身边"这个行为。

如果您忍不住想发火，就想想自己小时候和小伙伴玩得正开心的时候，妈妈喊您回家吃饭，您是立即就回家呢，还是会说"等一会儿"，或者干脆装没听见？如果没有足够的动力，凭什么要求狗狗每次听见您的叫声后都立即回到您身边呢？

第三节　如何纠正狗狗无法召回的坏习惯

对于已经养成无法召回习惯的狗狗，纠正的方法和上面所介绍的预防方法相同。但是要特别注意以下几点。

（1）终止责罚。

主人应立即终止把狗狗叫过来进行责罚的行为，牢记"召回=好事"的原则。

（2）只发一遍指令。

召回的指令只发一遍。如果主人走了狗狗也没有反应，主人可以就近躲好，并观察狗狗的行动。等狗狗着急地找了一会儿后再发出召回指令，让狗狗找到自己。

（3）刺激追逐。

刚开始进行召回训练时，如果狗狗没有听从指令回来，主人也可以一边快速拍掌，一边向和狗狗相反的方向快速奔跑，以刺激狗狗前来追逐，等狗狗跑到跟前时立即奖励。也可以把用于诱导的零食从"普通"的狗粮换为肉干等"高级"零食。

（4）使用新口令。

如果在进行纠正训练之前，主人经常用"过来"作为召唤口令，而狗狗常常不予理会，那么在进行召回训练时，最好使用一个截然不同的词作为召回口令，例如用英语口令"Come"。

（5）耐心等待。

主人一定要耐心等狗狗主动回到身边，永远不要一边发出召回指令，一边向狗狗走去。那样狗狗会误认为"过来=主人向我走来"，而不是"过来=我向主人走去"。

（6）逐渐提高标准。

刚开始，无论指令发出后过多长时间狗狗才回到主人身边，都要进行奖励。等狗狗掌握召回指令之后，可以逐渐提高标准，只对快速（例如指令发出后5秒内）的反应进行零食奖励，对于较慢的反应则只给予口头表扬。

案例：

我家留下也有过装聋作哑、不肯回来的毛病。后来我对它进行了纠正训练。

我准备了留下最爱吃的鸡肉条，出门的时候先给它吃了一小条，然后让它自己到草地上玩。等它跑远了，再用近似耳语的声音轻声呼唤："留下，过来！"奇迹出现了！已经跑出去很远的留下，突然无比敏捷地一个急刹车，转身朝我飞奔而来！等它到我身边后，我立即进行了奖励。重复了两三次之后，我就可以很轻松地将留下召回了。以后每次我在户外表演用耳语召回留下时，总会招来围观者的惊叹。因为以人类的听力，在这么远的地方是不可能听见这么小的声音的！

此外我还采取了发出口令后转身就走的办法。

由于狗狗具有社会性，它们有着跟随自己群体的天性。因此通常狗狗会在主人离开后主动跟随。这个办法对留下尤其有效。因为它曾经流浪过，所以特别担心再次走丢。只是后来它知道主人每次叫了它以后都会在原地等，或者主动走到它面前，所以才对召唤不理不睬。在它不担心主人会不见的时候，当然玩是更重要的了。而当我在叫了一声以后，坚决地转身就走时，留下立刻就飞奔而来了。

第二章

不肯系牵引绳

牵引绳就好像汽车的安全带，是带狗狗外出散步时的安全保证，也是带狗狗出门散步的前提。但是很多主人在给狗狗系牵引绳的时候总是困难重重，最后还是主人认输，让狗狗不系牵引绳就出门。

第一节　狗狗不肯系牵引绳的坏习惯是如何养成的

狗狗在大约4月龄之前，因为才离窝不久，所以总是喜欢跟在主人身边，就像跟着自己的妈妈一样。因此，很多主人就会因为觉得没有必要而不给狗狗系牵引绳。

等狗狗4~5个月大以后，就开始变得不听话了，出门只管自己飞奔，不再围着主人转了，主人觉得有必要给狗狗系牵引绳，于是拿着项圈就想往狗狗的脖子上套，而狗狗则见到项圈就跑。

要知道，一般狗狗3~4个月大以前胆子比较大，对什么东西都很好奇，任何陌生的东西都敢去碰一碰。通过探索，它们逐渐获得安全和危险的概念。而随着年龄的增长，它们的好奇心开始下降，因为它们已经认识到了生存所必需的条件，而这时再出现的陌生事物往往预示着危险，更何况是要套在自己脖子这个要害部位上的项圈。

这个时候，狗狗是这么想的："这是什么东西，我从来没有见过，会对我有伤害吗？我还是小心为妙，先闪开吧！"

主人见狗狗逃跑了，有点生气，于是一边大声呵斥，一边拿着项圈在后面拼命追赶。终于在墙角逮到了狗狗，主人赶紧快速地给它戴上了项圈，并系上牵引绳。

在这个过程中，狗狗是这么想的："哦，天哪，主人拿着这个东西来抓我了，还生气地大喊大叫，这一定是个可怕的东西！""救命呀，主人把这个东西套在我脖子上了，好难受啊，这果然是个可怕的东西！"要知道，动物在害怕和紧张的时候会把不舒服的感觉放大。

主人好不容易给狗狗系上了牵引绳，带着它出门去散步。到了草坪上，主人松开牵引绳让它自由活动了一会儿，然后拿着牵引绳向它走去，想带它回家。狗狗见这可怕的东西又来了，赶紧撒腿就跑。因为是在户外，追上四条腿的狗狗难度更大了。直到主人跑得气喘吁吁才把狗狗抓住。气急败坏的主人给狗狗系上了牵引绳，狠狠地打了狗狗几下之后，立即带它回家了。

现在狗狗是这样看待牵引绳的："这真是个坏东西，一戴上它主人就会打我，还不让我再玩了！"

于是，以后只要一看见主人拿出牵引绳，狗狗就立刻想办法逃跑。因为它已经认识到，"**牵引绳=坏事开始**"。不肯系牵引绳的坏习惯就这样被主人"训练"出来了。

第二节　如何预防狗狗养成不肯系牵引绳的坏习惯

要避免狗狗养成不肯系牵引绳的坏习惯，就要让狗狗**从小进行佩戴牵引装备的训练**。

第一单元：室内戴项圈专项训练

训练要点：

（1）训练时机。

尽早在家中开始训练。

（2）准备工作。

事先让项圈沾上狗狗的气味，例如把项圈藏在它睡觉的小毯子下面。

（3）诱导。

主人在离狗狗不远处蹲下，张开双臂，做出"过来"的手势，同时一只手拿着项圈晃动，并发出"过来"的口令，吸引它主动过来。这个步骤的目的是让狗狗养成**看到项圈就主动过来**的习惯。记住，**永远不要拿着项圈去追赶狗狗**，否则会让它对项圈感到害怕。

（4）戴项圈。

狗狗过来后，主人用一只手拿着项圈放到它鼻子下面，让它闻一下，同时用另一只手轻抚其颈部，然后在它平静的状态下轻柔地给它戴上项圈。

（5）奖励。

戴好项圈后，立即对狗狗进行奖励。几秒钟后松开项圈，让狗狗自由活动。

（6）强化。

重复（2）～（5）的步骤多次，每次逐渐减慢戴项圈的速度，并延长戴项圈的时间。直到狗狗可以很从容地允许主人给自己戴上项圈，并且戴上后毫不反感，然后进入下一单元。

> **小贴士**　初次使用项圈时，建议用能够快速固定的款式，例如插接搭扣式项圈，避免因花费过长时间而让狗狗紧张。

第二单元：室内系牵引绳专项训练

训练要点：

（1）准备工作。

和戴项圈训练一样，事先让牵引绳也沾上狗狗的气味。

（2）戴项圈。

主人手拿项圈，用"过来"的指令把狗狗叫到身边，戴上项圈，并奖励。

（3）熟悉牵引绳。

手拿牵引绳放在狗狗鼻子跟前，让它闻一下，然后奖励。这一步的目的是让狗狗对牵引绳产生好感，建立"好的"条件反射。

（4）系牵引绳。

系上牵引绳；立即进行零食奖励，接着用欢快的语调发出出发的口令，例如"走咯"，然后拉着牵引绳在前面小跑。狗狗会很开心地跟着一起跑。过一会儿改成正常的步速。

如此交替几次。然后松开牵引绳和项圈，让狗狗自由活动。

（5）强化。

重复（1）~（4）的步骤多次，经常在家中用牵引绳带着狗狗"散步"，直到狗狗每次看到牵引装备都会很高兴地前来，并且能配合主人佩戴，即可进入下一单元。

第三单元：实战训练

训练要点：

（1）戴上牵引装备出门。

用"过来"的指令将狗狗召唤到身边，给它戴上项圈和牵引绳，口头表扬后，用欢快的语调发出外出口令"走咯"，然后打开门，牵着它去散步。

（2）松绳自由活动，牵绳零食奖励加继续前进。

在安全的地方，松开牵引绳，让狗狗自由活动几分钟，然后将其召回，用零食奖励后，系上牵引绳带着它继续前进。一路经常重复此步骤。

（3）玩够后再牵绳。

最后一次松开牵引绳后，让狗狗尽情玩耍，在它玩得差不多后，将其召回，系上牵引绳，奖励之后，带它回家。

现在，狗狗的大脑里已经建立并强化了"**系牵引绳=好事发生**"的条件反射，您在任何时候都可以轻松地给狗狗系上牵引绳啦！

套圈圈啦，会有好事情。

小贴士　（1）刚开始出门进行实战训练时，可以在给狗狗戴上牵引装备后加上食物奖励，以后就不需要了，因为允许它外出就是最好的奖励。

（2）一定要遵守先系牵引绳再出门的顺序。不要让狗狗在没有戴项圈和系牵引绳的情况下出门。您可以在出门后很快将牵引绳松开，但一定要确保先系好牵引绳再出门。这样狗狗就会把戴项圈、系牵引绳和可以出门的愉快体验联系在一起。

第三节　如何纠正狗狗不肯系牵引绳的坏习惯

对于已经养成不肯系牵引绳习惯的狗狗，纠正的方法和上面所介绍的预防方法基本相同。要特别注意以下几点。

（1）因为狗狗已经对项圈产生了抗拒心理，所以在刚开始进行项圈训练时，应该在拿出项圈时，用零食吸引它主动来到主人身边。然后一边让它"检查"项圈的气味（确保项圈已沾有狗狗的气味），一边立即给予零食（"普通"级别）奖励，同时轻抚狗狗的头颈部，趁它放松时，再给它戴上项圈（注意动作要轻柔而迅速），然后立即奖励"高级"零食。

如果狗狗一看见项圈就逃，也可以在拿出项圈之前先把狗狗放到高处，例如桌子上，然后再拿出项圈让它"检查"。

（2）最好先使用能快速扣上的、最简单的项圈，而且在扣上并奖励后，立即松开。逐步延长戴项圈的时间。

（3）出门前给狗狗戴项圈的时候，如果狗狗过于激动，可以先让它"坐下"，安静1秒钟后再戴。如果狗狗扭来扭去不让戴，甚至逃跑，则主人应当着它的面把项圈放回原处，取消散步，作为惩罚。过几分钟后，再拿出项圈重试。或者可以尝试把狗狗叫过来之后，用身体温柔而坚定地将其固定住，不让它逃跑，然后迅速为它戴上项圈，并立即奖励。

一定不要用追赶等可怕的动作强迫狗狗戴项圈，否则会让它对项圈产生恐惧感，从而更加抗拒。

（4）出门后，应在安静的小路上增加"松开牵引绳—自由活动几分钟—召回—系上牵引绳—继续前进"活动的频次，直到狗狗不再抗拒，然后再去有狗玩伴的地方。注意刚开始不要松开项圈，只松开牵引绳，这样在需要的时候便于利用项圈抓住狗狗。

（5）最后一次将狗狗召回前，一定要让它玩尽兴。系上牵引绳后不要直接回家，可以往回家的方向走，途中找个安全的地方松绳，让狗狗玩一会儿，然后再回家。

（6）回家后再用正餐、零食或者和主人的互动游戏之类的奖励强化"系上牵引绳=好事开始"的条件反射。

案例：

留下来到我家时在半岁左右，错过了最佳的社会化时期，再加上刚开始的两周我没有给它系过牵引绳，所以后来准备给它系牵引绳的时候它很抗拒。

而我的一些错误行为更加深了留下对牵引绳的误解：每次出门的时候，我总是先打开院子门，让早就迫不及待的留下先冲出门去，然后再拿着项圈和牵引绳去追赶它。一看见我拿出项圈和牵引绳，它就立刻站得远远的；我过去抓它的时候，它就在院子里转着圈跑，尽量地躲着我；好不容易被我抓到了，它又把身子扭来扭去，企图挣脱项圈。等到终于给它套上项圈，系好牵引绳，带它到草地上，松开绳子让它自由玩耍之后，重新系上牵引绳又成了一项艰巨的任务。

在了解了留下抗拒牵引绳的原因之后，我开始着手对它进行纠正训练。

首先，在出门之前，我一只手拿着项圈和牵引绳，另一只手拿着它最喜欢的鸡肉条，并让它看见鸡肉条，然后用温柔的语调召唤它"过来"。贪吃的留下迅速地跑到了我面前坐好，等着奖赏。给它吃了一条鸡肉条之后，我不急于给它套上项圈，而是轻柔地摸摸它的头部，然后抓抓它的颈部，在它感觉很舒服的时候，顺势轻轻地套上项圈，然后立即又奖励了一条鸡肉条，这才扣上绳扣，打开房门，牵着绳子发出"走"的口令。

到了大草坪，我给留下松开绳子，让它自己去玩。过了一会儿，再将它召回，奖励了之后，也是跟出门时一样，轻柔地摸抓它的头颈部，然后轻轻地将绳扣扣上，接着立即给予奖励。在系绳的状态下，我让它在我身边玩了一会儿，然后用无比高兴的口气说"回家喽"，再给了丰厚的奖励，这才带它回家。

此外，我还特意将留下的就餐时间从散步前改成了散步后。这样，它一回到家就有"好事发生"。

　　两三次之后，留下就对项圈和牵引绳毫不抗拒了，而且不需要再用鸡肉条，它就可以乖乖地来到我跟前，让我系好牵引绳了。当然，每次我都会记得口头表扬一下，并摸摸它的头以示鼓励。偶尔，也会再赏它点儿吃的。

　　现在估计留下是这么想的：

　　"主人叫我过去戴项圈了！我又可以得到奖励了，还能出门玩了呢！"

　　"这个项圈戴上去其实一点儿也不疼欸！"

　　"主人叫我过去系绳子了！我又可以得到奖励了，而且还能在主人身边再玩一会儿呢！"

　　"嘿，回家也不错呢，还能再吃到好吃的！"

第三章

———————

向前冲冲冲

狗狗在前面用力地向前冲，而主人则手拽牵引绳，跌跌撞撞地跟在后面跑，这种"狗遛人"的场景随处可见。为了阻止狗狗前冲，主人不得不用力拉紧绳子，结果往往把狗狗勒得舌头发紫，喘不过气来。狗狗则似乎一点也不怕疼，主人勒得越紧，它冲得越厉害。这种遛狗方式，不但把主人累得够呛，还很容易伤到狗狗的气管。

第一节　狗狗前冲的坏习惯是如何养成的

有些人认为狗狗向前冲是因为狗狗自认是首领，是狗狗对主人权威的挑衅。但事实上，刚开始，狗狗向前冲是很正常的，跟首领的权威无关：因为**狗狗很兴奋**，还因为四条腿的狗狗本来**走路就比两条腿的主人要快得多**。（当然，如果任由狗狗按照自己的意愿一直拖着主人前进，就变成由狗狗来决定"打猎"路线，这就和首领权威有关了。）

而当狗狗为了快点到达自己想去的地方而努力向前冲时，主人不由自主地加快了步伐跟随狗狗前进。这样就让狗狗觉得前冲这个行为是很有效果的：因为只要自己用力冲，就能按自己的心愿快速到达目的地。还记得我们在前面学到过的"操作条件反射"吗？当动物做了某种行为（前冲）之后，得到了令人愉快的后果（快速到达目的地），那么这种行为（前冲）再次发生的可能性就会增加。所以，当下次主人勒紧牵引绳时，狗狗会更用力地向前冲。如果再次获得成功，那么狗狗学到的经验就是：牵引绳勒得越紧，就越要用力冲。狗狗的前冲行为就在不知不觉中被主人自己的行为强化了。

第二节 如何预防狗狗养成前冲的坏习惯

狗狗应从小进行随行训练。

训练要点：

（1）训练时机。

从第一次出门就开始训练。

（2）坚持"红灯停，绿灯行"的原则。

当狗狗开始前冲而使牵引绳绷紧时，主人立即"亮起红灯"，站在原地不动；当它停止前冲，并后退几步，使牵引绳松弛时，主人立即"亮起绿灯"，继续前进。如果一直坚持这个原则，狗狗很快就会学到，拉紧牵引绳不能达到快速前进的目的，牵引绳松弛时才能前进。

要注意的是，当狗狗前冲时，主人不要通过手上的力量拉紧牵引绳，把狗狗拉回到自己身边，而只需要利用双腿的力量，稳稳地站在原地不动，同时把绳子控制在自己手中（我喜欢套在手腕上，避免狗狗挣脱），等待狗狗发现前冲无效后，自己回来。

（3）赏罚分明。

主人在靠近狗狗一侧的手中准备好零食（一般建议用右手控制牵引绳，尤其是对于大型犬，因为在紧急情况下右手往往能用上劲儿；让狗狗走在主人的左边；主人左手中准备好零食，便于及时奖励）。当狗狗前冲时，立即发出惩罚口令"No"；而当它停止前冲，回到主人身边时，则立即进行奖励。

（4）有张有弛。

随行几分钟后，主人应主动加快步伐，最好带着狗狗跑一段路，主动满足狗狗快走的需要，避免其前冲。然后再放慢步伐，让狗狗随行几分钟。经常这样变换步伐，时快时慢，既能训练狗狗随行，也能照顾到狗狗的需求。

最后找一个安全空旷的地方，松开绳子让狗狗撒欢儿。

这样狗狗就会学到：在路上要乖乖地跟着主人走，可以自由奔跑的地方在后面呢！

小贴士　（1）牵引绳应当放长一些，让狗狗能在绳子松弛的状态下在主人的前方活动。不要刻意要求狗狗贴身随行，那是对特殊工作犬的要求。贴身随行会让狗狗很紧张，即使是工作犬，也只能贴身随行一段时间，然后就要放松一下。

（2）在没有完成随行训练时，不建议使用自动伸缩式的牵引绳，或者过长的牵引绳，否则无法把主人的意图通过牵引绳准确地传递给狗狗，容易失去对狗狗的控制。

第三节　如何纠正狗狗前冲的坏习惯

对于已经养成前冲习惯的狗狗，纠正的方法和上面所介绍的预防方法基本相同，但是要特别注意以下几点。

（1）加倍耐心。

主人一定要有足够的耐心，在任何时候都遵守"红灯停，绿灯行"的原则。做好经常"亮起红灯"的准备。因为哪怕是偶尔一次在狗狗前冲时没有停下来，都会进一步强化狗狗前冲的行为。

（2）收短牵引绳。

将牵引绳收得短一点，让狗狗保持在主人身边前行，这样能更好地控制狗狗，在狗狗想要前冲的时候及时制止。

（3）加强惩罚力度。

狗狗前冲是为了能够更快地接近前方的目标，例如狗伙伴。这时主人除了厉声下达惩罚口令"No"，还可以在每次狗狗前冲的瞬间，就立刻往反方向走几步，然后再停下。必要的时候，在说"No"的同时，还可以抬起脚，用脚尖迅速在它脖子下方至胸口的部位轻踢一脚。如果狗狗一出门就前冲，甚至可以立即带它回家。过一会儿再重新出发。

在不得不采取踢一脚的惩罚措施时，一定要注意控制好脚上的力度，点到为止，确保狗狗安全。踢的目的是转移狗狗的注意力，而不是把它踢疼、踢伤。

（4）加强奖励力度。

当狗狗停止前冲，回到主人身边时，先进行口头表扬，如"乖宝宝"，然后用"高级"零食进行奖励。

（5）借助工具。

可以购买专业的防冲牵引装备，例如口环、防冲胸背带等，借助专业工具来纠正，可事半功倍。

上完了召回、佩戴牵引装备和随行这几课之后，您就可以充分享受和爱犬一起散步的乐趣了：在人多的地方，它会优雅地跟随着您的步伐；到了安全开阔的地方，它可以尽情地玩耍；最后，它还会在听到指令后乖乖地回到您的身边，跟您回家！这是多么轻松而愉快的散步啊！

案例：

留下刚到家的时候，胆小如鼠，生怕我把它抛弃，即使不用牵引绳，它也总是跟我寸步不离，所以刚开始我一直没有给它使用牵引绳。

大约2周后，为了安全起见，我开始给它用牵引绳。但每次出去散步的时候，留下总是很兴奋，一出门，就撒开腿开始跑。为了不把它勒疼，同时也为了锻炼身体，我就跟着它一起跑。几次之后，我就尝到了自己这么做的"苦果"：只要一系上牵引绳，精力旺盛的它就开始使劲往前冲，拉都拉不住。

于是我决定对它进行纠正训练。

当留下系上牵引绳，又开始使劲往前冲时，我什么也没做，只是平静地站在原地。我知道，如果这时候对它大吼大叫，只会让它的肾上腺素分泌增加，变得更加激动。

果然，它低着头向前冲了几下后，逐渐安静下来，有点疑惑地回到我身边，抬头看着我，似乎在问："怎么回事？你怎么不走了？"我抓紧时机，及时给予奖励。摸摸它的头，夸奖它"乖宝宝"，同时给它吃了一条它最爱吃的鸡肉条。

然后我开始用正常的步伐向前走。我刚一抬腿，它又开始激动地往前冲了。于是，我再次立即停下。

大约反复了3次后，聪明的留下就明白了我的意图，再也不试图乱跑了，而是乖乖地跟随着我前行。（纠正留下的前冲行为比较容易，最主要是因为它养成这个毛病的时间还不长。对于一些"老油条"来说，就要困难得多，需要主人有极大的耐心。）

当然，在随行一段时间后，我总是来到一个安全的地方，然后把绳子松开，让留下尽情地撒欢儿。

很快留下就知道了，出门的时候应该有礼貌地跟随主人走路，到了大草坪上就可以尽情地玩耍啦！

后来我带留下出门，牵引绳其实只是摆个样子，因为我根本不需要用力去拽它。每次我看到小区里那些拖着主人跑步的狗狗时，就知道这些狗狗肯定没"上过学"。教育和不教育是大不一样的！

第四章

撕咬物品

撕咬物品是很多人在养幼犬的过程中会碰到的问题，也是狗狗挨揍的一大原因，仅次于在家里随地大小便。然而，和随地大小便一样，狗狗"撕家""拆家"也不是它的错，而是主人没有从小教育好。

第一节　狗狗为什么会喜欢"撕家"/如何预防狗狗养成"撕家"的坏习惯

关于狗狗为什么喜欢"撕家"、搞破坏以及如何从小培养狗狗正确的啃咬习惯，以避免狗狗养成撕咬物品的坏习惯，请参见第二篇第一章第三节"啃咬习惯训练"。

第二节　如何纠正狗狗撕咬物品的坏习惯

一、训练要点

纠正的基本原则和第二篇第一章第三节"啃咬习惯训练"所介绍的相同，但是要特别注意以下几点。

（1）分析原因。

首先要分析狗狗喜欢搞破坏的原因。如果是分离焦虑症引起的，则需要先设法缓解狗狗的焦虑情绪。具体请参见第二篇第一章第四节"分离训练"。

（2）避免犯错。

在让狗狗养成正确的啃咬习惯之前，尽量不要给它提供单独、长时间接触"非法"物品的机会。如果它爱好啃咬鞋子、衣物之类的物品，则主人离家时，一定要把这些物品收好；如果是喜欢啃咬家具、电线之类无法收好的物品，则必须暂时把狗狗关在"防狗"的区域内。

（3）保持"低调"。

一旦发现狗狗在咬"非法"的东西，主人一定要"低调"，千万不要大惊小怪地高声嚷嚷，更不要去和狗狗抢这些东西，否则只会让狗狗觉得自己在咬的东西"价值不菲"，从而更喜欢去咬这些物品。主人应该用狗狗喜欢的玩具来转移它的注意力。

二、案例

留下刚来时，短短两周内，就从一个"小乖乖"变成了"破坏大王"。每次我下班回来，家里必定是一片狼藉。

留下在家里咬的有三类东西：鞋子、垃圾筐里的垃圾，以及餐巾纸。根据它的具体情况，我进行了具体分析，得出了以下结论。

留下很**焦虑**。它不知道主人去哪儿了，也就是所谓的分离焦虑症。因为它刚到家时正好遇到国庆长假，所以那几天它24小时跟我在一起。然而6天过后，主人突然开始一大早就"失踪"，直到很晚才回家。再加上它曾经有过失去主人的痛苦经历，所以非常害怕再次失去主人，焦虑是很自然的。

留下很**无聊**。当时它只有半岁左右，正是好动的时候，而我却因为不懂而没有给它提供任何玩具。整个白天留下独自在家，又没有什么可玩的，一定会感觉无聊。

留下觉得这很**好玩**。它似乎是把我的鞋子当成玩具了，尤其是我也经常一起参与进来，把鞋子扔出去，让它捡回来，更让它觉得这是个好玩的游戏。关于它喜欢撕咬餐巾纸，应该也是出于好玩的目的。因为它醒得早，没人跟它玩，在床边能找到的"玩具"也就是餐巾纸了。这玩意儿容易撕咬，咬得粉碎时，它还挺有"成就感"的。当然，我为了图几分钟的安静，有时随手扔餐巾纸给它玩的做法也助长了它的这个坏习惯。

留下觉得这很**好吃**。从留下在垃圾筐里找到肉骨头时如获至宝的表情来看，这显然是它"淘垃圾"的最大动力了。

分析完毕，我开始有针对性地采取应对措施。

（1）针对分离焦虑症。

首先，我在每次出门的时候都对留下说："上班班"。然后先消失5分钟，再回家。练习了几次之后，留下对我说了"上班班"之后的短时间消失开始不那么紧张了。接着开始逐渐延长消失的时间。两三天之后，我的训练就初见成效了。本来我一出门，留下就会很紧张，甚至会抛下正在享用的美食，奔到门口，企图跟着我出门。几次训练之后，在我出门时，它虽然还是会企图跟着我，但只要我一说"上班班"，它就跟听懂了似的，乖乖地趴在门口想自己的心事。

再后来，我又根据母狼出门打猎之后，不管消失多久，都会给小狼带回食物的习性，把自己想象成出门打猎的母狼，下班之后经常给留下带点好吃的，让它认为这是我"上班班"的成果。这一招果然很有用。后来我准备出门的时候，只要对留下说"上班班"，那么它该干什么还是干什么，显得非常淡定。

（2）针对它在家里无聊和觉得鞋子、餐巾纸"好玩"的情况。

首先给它添置了各类玩具，包括毛绒玩具、啃咬玩具及漏食球等。同时，对于它玩鞋子和餐巾纸的行为，我开始严厉禁止。每次只要它一玩这些东西，我就用它自己的玩具来吸引它的注意，扔出去让它去捡。趁它忙着去捡玩具，悄悄地收走它刚才在玩的"非法"物品。当然我自己也决不再扔拖鞋跟它玩了。几次之后，留下对鞋子和餐巾纸的兴趣就大大降低了。

（3）针对它觉得"好吃"的垃圾。

对于这种情况，我觉得最好的办法是让它远离"诱惑"。即便是我们人类，面对美食也很难控制自己，何况是整天以吃为己任的狗狗呢。于是我将家里所有敞开式垃圾筐换成了带盖的。

在采取了上述措施之后，留下再也没有在家里闯过祸了。如果不是以前记录的日记，我甚至都想不起来它曾经的调皮模样了！

第五章

抢食

　　很多"干饭"狗狗往往在主人刚把饭盆放到地上，主人还未离开，或者还未邀请时，就立即开始"埋头干饭"。我把这种行为称为"抢食"。

　　抢食本身算不上什么坏习惯，相反，很多主人还挺喜欢看狗狗这副"馋相"，因为这说明狗狗的胃口好、健康。

　　那么为什么要把抢食列为需要纠正的坏习惯呢？最主要的原因是，抢食的狗狗往往会误认为自己掌握了食物的分配权和优先权，是家里的首领，而主人则是它的下属，从而引发多种行为问题。而通过纠正狗狗的抢食行为，主人能迅速建立起首领权威。

第一节　狗狗为什么会养成抢食的坏习惯

　　狗狗之所以会抢食，首先是因为狗狗是天生的"机会主义者"。丛林里食物资源匮乏的生活，让狗狗的祖先养成了任何时候只要眼前出现了可以吃的东西，就不管三七二十一立即吃进肚子的习性。

　　其次是因为每次狗狗在抢食的时候，主人从未制止过，这样就助长了狗狗的这种行为，甚至会让它们产生自己是首领的错觉。所以，抢食的狗狗通常会很快形成护食的坏习惯。

第二节　如何预防狗狗养成抢食的坏习惯

　　要防止狗狗养成抢食的坏习惯，最好的办法就是从第一次喂食开始，就对它进行用餐礼仪的培训，通过培训教会它必须遵守以下几条规则。

　　（1）主人是首领，只有主人吃完了，作为下属的狗狗才可以开始吃。

　　（2）狗狗在吃东西前必须征得主人的允许。

（3）主人发出禁食指令后，不能吃东西。

（4）主人任何时候都有权收回食物。

训练要点：

第一单元：用餐礼仪

按照第三篇第四章第一节"树立首领权威"中的说明，在狗狗用餐时对它进行用餐礼仪的训练，直至狗狗学会每次用餐时不再抢食，等主人发出进食指令并离开食盆再进食后，可以进入下一单元的训练。

第二单元：不吃地上的食物（室内专项训练）

（1）设置诱饵。

事先准备好一种"低等级"的零食，例如颗粒狗粮。当着狗狗的面，把这粒狗粮放在它面前的地上。

（2）听令禁食。

在狗狗刚准备去吃的时候，立即厉声发出禁食口令"No"，同时迅速用手掌盖住或者用脚踩住食物，然后下达"坐下"（坐下的训练方法参见第五篇第一章第三节"坐下"）的指令。

（3）奖励等待。

等狗狗坐下后，移开手掌或脚，露出狗粮，等待几秒钟。如果狗狗继续坐着没去抢狗粮，则主人捡起狗粮，假装自己吃一下，然后对狗狗进行口头表扬，并用手把狗粮奖励给狗狗；如果狗狗仍然企图抢狗粮，则重复第2步。

（4）提高要求。

逐渐延长让狗狗坐下等待的时间，并逐渐提高"诱饵"的等级（例如将狗粮换成鸡胸肉、鸭锁骨等狗狗特别喜欢的食物）。直到主人把任何食物放在地上，狗狗都不再有抢食的企图，而是会直接坐好，等待主人"赏赐"。然后可以进入下一单元。

小贴士　（1）主人的动作一定要比狗狗迅速，一旦让狗狗抢到一次，它就会认为抢食是有效的行为，这种行为就会得到强化。通过这项训练，我们要让狗狗学习到抢地上的食物是无效的，乖乖地坐在那里等待才可以吃到食物！

（2）主人在发禁食口令"No"的时候，声音要严厉并且响亮，要能起到把狗狗吓一跳的作用。

第三单元：不吃地上的食物（室内实战训练）

（1）设置诱饵。

主人预先在一个房间的地面上间隔一定距离放上几粒狗粮。

（2）听令禁食。

用牵引绳带着狗狗走到布置好狗粮的房间。当狗狗企图去吃时，主人立即厉声发出禁食口令"No"，同时迅速用脚踩住狗粮。

（3）奖励等待。

当狗狗受到惊吓暂停抢食并坐下后（如果没有坐下，就下达"坐下"的指令），主人捡起地上的狗粮，假装自己吃一下，然后对狗狗进行口头表扬，并用手把狗粮奖励给狗狗。

（4）强化训练。

用牵引绳牵着狗狗继续在布置狗粮的区域来回走动，重复以上步骤，直到狗狗即使发现地上的狗粮也不再立即去捡来吃，或者能够坐下等待主人"赏赐"。

（5）提高要求。

逐渐延长让狗狗坐下等待的时间，并逐渐提高"诱饵"的等级。直到主人把任何食物放在地上，狗狗都不再有抢食的企图，而是会直接坐好，等待主人"赏赐"。然后可以进入下一单元。

第四单元：不吃地上的食物（室外专项训练）

现在我们可以移至户外，为预防狗狗捡垃圾吃做好准备。

先到户外安静的地方进行和第二单元相同的训练。直到主人把任何零食放在地上，狗狗都不再有抢食的企图，而是会直接坐好，等待主人"赏赐"。然后可以进入下一单元。

第五单元：不吃地上的食物 （室外实战训练）

先在户外安静的地方进行和第三单元相同的训练。同时在狗狗偶尔发现地上真正的垃圾并企图捡食时，立即发出禁食口令"No"，等狗狗坐下后，用手里的零食进行奖励，然后把狗狗带离有垃圾的地带。最好随手把垃圾带走，因为狗狗会记住这个地方，并有可能趁主人不注意再次偷吃垃圾。

第三节　如何纠正狗狗抢食的坏习惯

纠正狗狗抢食的训练和预防的方法基本相同，但要注意以下几点。

（1）在对食物进行遮盖时，尽量不要用手掌，可以用扇子、杂志或者穿着鞋的脚来替代，以免被狗狗咬伤。

（2）鉴于有抢食习惯的狗狗很有可能已经以首领自居，因此，除了进行用餐礼仪的训练，主人同时还应根据第三篇第三章"如何做狗狗眼中的首领"来改变自己的行为，全面树立首领权威。

案例：

留下刚来时嘴巴特别馋，再加上我从未对它进行用餐礼仪的培训，因此它很会抢食。往往我刚开始往它的碗里倒饭，它就已经把头塞进饭盆里开始狼吞虎咽了，以至于我稍不留神就会把剩下的饭倒在它的头上。

　　简·费奈尔在《狗狗心事》里讲到，喂食时是让狗狗承认主人首领地位的最佳时机。在狼群中，猎物到手后，总是头狼第一个吃，其他狼只能在旁边静候。等到头狼吃饱喝足，才能轮到下一等级的狼吃。所以，简·费奈尔的建议是：在给狗狗喂食之前，主人先假装从狗狗的饭盆里吃一口食物，然后再让狗狗吃。这样狗狗就会认为主人地位比自己高，从而对主人心服口服了。

　　于是，我开始实践简·费奈尔的这个理论。在给留下盛好饭后，先当着它的面，假装从它的碗里吃了几口，然后把碗放在地上让它吃饭。奇怪的事情发生了！这次，留下不但没有像往常一样急匆匆地冲到饭碗边上，反而惊愕地后退了几步，似乎不敢前来吃饭了。直到我又重复了两遍"留下，吃饭饭了"，它才有些迟疑地走过来吃饭。它试探性地吃了一口之后，发现没有危险，才又像平时一样美美地大吃起来。看来，它对我突然之间成了首领还有点不习惯。

　　说实话，我的心里是有点失落的。因为留下的每一餐饭都是我亲手做的。它急匆匆的吃相虽然不雅，却是对我辛勤劳动的最大肯定。看来，凡事有得必有失啊！

　　不过，聪明的留下一定明白了我的"地位"比它高。因为从此以后，留下吃饭更乖了。只要我问一句："留下，吃饭饭是怎么样的？"它就会端端正正地在地上坐好，颇有"淑女"风范。然后我开始假装从它的碗里吃饭。这时候，最好笑的是，它明明馋得口水都要流下来了，却会故意把目光转向别处，不看饭碗。大概是觉得还没有轮到自己，看了也白看，不如不看，省得嘴馋。直到我说"请"，才开始吃饭。

第六章

护食

有些狗狗会养成护食的毛病。

别看平日里它性情温顺，从不攻击人或者狗，但只要面前有食物，就立刻像换了只狗似的，马上用低吼、大叫甚至扑咬等行为来警告或者攻击附近的人或狗，把他（它）们赶得远远的才罢休。要是有人企图拿走它的食物，哪怕是自己的主人，它也会毫不嘴软地咬上一口。有护食行为的狗往往还会用类似的攻击行为守护自己心爱的玩具、主人，以及经常霸占的沙发等。这些看似完全不同的情况，其根源却都是相同的，都属于"资源守护"（参见第六篇第二章第一节"狗狗为什么会打架"），这是狗狗的本能之一。

第一节　狗狗为什么会护食

狗狗之所以会养成护食的坏习惯，首先是因为在幼年期（5个月之前），主人从未对它进行过相关的教育，没有教给它人类社会的规则。

这样，等进入青春期后（6~7个月），狗狗就按照身体里已经预先编好程序的丛林法则来行事了。前面说了，护食/资源守护是犬类的祖先狼遗传给它们的本能。因为在丛林里，宝贵的资源，尤其是食物资源是狼能够生存和繁殖的前提。因此，当有人，包括主人企图去动它的食物时，狗狗会本能地用身体护住食物，并低头发

出"呜——"的低吼声，表示警告。通常，这种低吼因为声音太轻或者听上去没有什么危险性而被主人忽略，主人会继续"侵犯行为"。

被逼无奈的狗狗爆发出"汪"的一声怒吼，同时回头对"侵犯者"威胁性地做出空咬的动作。主人被吓了一大跳，赶紧收手，不再去碰它的食物。狗狗首战告捷！

经历了几次类似事件后，善于总结的狗狗发现：低吼是个无效动作，只有高声大叫和空咬才能使"侵犯者"收手。于是，很快它就果断地将低吼这个浪费精力的无效动作抛弃，直接用大叫和空咬表示警告。

如果主人无视狗狗的上述警告，继续去接近或者碰触它正在守护的食物，那么狗狗很有可能会用真咬来作为终极警告。绝大多数人在被狗狗真的咬了一口后都会本能地缩回手，这时狗狗就会认为只有真咬才能使"侵犯者"收手，于是以后再遇到有人企图动它的食物时，就会毫不客气地直接下口咬。

一个用攻击行为来守护资源的坏习惯就这样形成了！

第二节　如何预防狗狗养成护食的坏习惯

一、预防狗狗养成护食坏习惯的关键

预防的关键在于从小就让狗狗学习人类社会的规则，即：

（1）主人才是首领，有权护食；

（2）主人随时会把给自己的食物拿走；

（3）主人拿走食物以后还会还给自己。

明白了这三点，狗狗以后就会觉得主人拿走自己的食物是理所应当的，而且也不会带来坏的结果，自然就不敢，也不需要费心费力地采取攻击行为来护食了。

二、训练要点

（1）利用吃饭的时候训练。

每次吃饭时都进行用餐礼仪的训练（见第三篇第四章第一节"树立首领权威"）。

（2）利用吃零食的时候训练。

给狗狗一个无法一口吞下的零食，然后通过"狗嘴夺食"的训练（见第三篇第四章第一节"树立首领权威"），从狗狗嘴里拿走零食，假装吃一下后再还给它。经常进行这样的训练。

如果狗狗对于主人中途拿走食物的行为表现得很平静，没有任何攻击性的举动，就说明狗狗已经习惯并了解了规则。从狗狗两三个月大的时候就开始训练，是非常容易做到的。

第三节　如何纠正狗狗护食的坏习惯

让我们再来看看如何纠正狗狗已经养成的护食行为。

犬类和它们的祖先狼一样，也是分等级的。首领拥有的最大权利就是对食物的占有权和分配权。无论一只狗狗正在守护的是什么美味，只要它所承认的首领往跟前一站，狗狗就会乖乖地把食物让出来。这个举动也表明它承认对方的首领地位。反之，如果它并不认可对方是自己的首领，那么它就会为了守护自己的食物而做出攻击行为。

因此，要纠正狗狗已经养成的护食行为，首先要通过各种仪式化的行为向狗狗表明主人才是首领。在首领地位得到确认的基础上，纠正护食行为和预防护食行为的训练方法相同。

同样，也可以运用类似的方法来预防和纠正狗狗其他守护资源的行为，例如守护玩具、守护沙发等。

案例：

我养的第一只狗Doddy在几个月大的时候就会护食。当我把食物放在它面前后，它就立即低着头，用头部和身子护住饭碗，同时从喉咙里发出"呜——"的低吼声，警告我远离它的饭碗，然后才放心地开始吃饭。如果我不顾它的警告，继续接近，它就会发出"汪"的叫声，同时张嘴来咬我。等它大一点后，我忽然发现不知道从什么时候起，它已经不再发出"呜——"的预警声了。如果我要去拿它的碗，它就会直接发出"汪"的叫声，并且毫不留情地咬我。有时候它嫌饭菜不合口味，吃了一口就不吃了，在饭碗一米开外的地方趴着休息，我走到边上想把碗收走，它就会立即冲过来咬我一口，不让我碰它的碗。

Doddy还会护它的玩具。当我见到地上乱扔的玩具，想捡起来收好，却没有注意原来在不远处趴着睡觉的Doddy其实正守着自己的宝贝，结果它冲过来就是一口。

我们家里的所有人都因为类似原因被Doddy咬过。但那时候我们只知道对它表示理解，谁让我们去侵犯它的领地呢？

其实Doddy之所以会有这些行为都是因为它从小没有接受过避免护食的教育，而在长大之后我又没能成为它的首领。

值得庆幸的是，在Doddy之后，我家所有的狗狗都经过了护食纠正训练，再也没有发生过和Doddy类似的因为护食而咬人的事件。

第七章

捡垃圾吃

大部分狗狗在户外散步的时候，如果碰巧发现地上有什么合口味的东西，都会毫不犹豫地把它吃进嘴里。令主人难以接受的是，狗狗不但会把偶然发现的肉骨头吞进肚子，还会把动物粪便、发臭的动物腐尸之类的东西视若珍宝！

狗狗的这种习惯不仅会令它们的人类伙伴感到恶心，也会给它们自己带来许多潜在危险。我家留下刚来时，就因为吃了一团狗大便，染上了可怕的细小病毒，花了我一大笔医药费不说，它还差点小命不保！

第一节 狗狗为什么会喜欢捡垃圾吃

犬类的祖先狼不仅是猎食动物，同时也是食腐动物，常常会捡拾大型食肉动物吃剩的已经开始腐烂的动物尸体美餐一顿。因此，直到今天，狗狗闻到一切腐烂的动物尸体的味道时，还是会像我们人类闻到美食的香味一样，兴奋不已。

至于"狗改不了吃屎"的这个习性，则跟它们的祖先当年在丛林里的"艰苦岁月"有关。丛林里竞争激烈，食物匮乏，当找不到正常的食物时，狼只好吃动物粪便，靠其中残留的营养成分维持生命。所以，狗狗如今虽然大多过着优越的生活，却还是没有"忘本"。而且，越是令人类感到恶心的烂便越受狗狗欢迎，因为，和正常的成形干便相比，这种恶臭的烂便含有更多未被吸收利用的营养成分。

此外，有研究认为，狗的祖先最初靠近人类居住的村落就是为了捡拾垃圾维生。因此，狗狗对翻拣人类的垃圾一直情有独钟。

总而言之，捡垃圾吃是狗狗的天性。主人大可不必为此发怒，而应该耐心调教。

第二节 如何预防狗狗养成捡垃圾吃的坏习惯

带狗狗回家后，应尽早通过训练来预防它养成捡垃圾吃的坏习惯。

训练要点：

（1）**听令禁食。**

尽早开始训练狗狗在吃食物前要先获得主人的允许，当主人发出禁食口令时不吃眼前的食物（训练方法见第四篇第五章"抢食"）。

这样，以后狗狗出门发现地上的垃圾时，就不太会主动捡来吃，即使趁主人没注意正准备吃，或者刚吃到嘴里，只要主人立即发出禁食口令，还是有很大概率能有效阻止它把垃圾吃下去的。

（2）**以物换物。**

在狗狗听从主人口令，停止吃垃圾后，一定要用更加美味的**零食奖励**它。这样它以后就会很乐意放弃自己发现的垃圾，来换取主人手里的零食了。（出门要养成随身携带奖励食品的习惯，在紧急情况下会很有用。）

要注意的是，当主人发现狗狗已经把垃圾吃进嘴里时，千万不要用大声呵斥、追赶狗狗等方法企图"狗嘴夺食"，那样会让狗狗觉得有危险，从而刺激狗狗逃跑和加速吞下嘴里的垃圾。

正确的方法是说"给我"，同时一只手伸到它嘴边，摊开手掌，另一只手迅速拿出"高级"零食展示给它看。当它松嘴吐出嘴里的垃圾时，立即进行奖励。如果它已经吃下了垃圾，就收回零食，作为惩罚，但是不必打骂，因为那样无济于事。

（3）防患于未然。

如果狗狗成功地捡到过几次垃圾吃，并且觉得"味道好极了"，那么以后它就会非常用心地利用一切机会到处寻找可吃的垃圾，那时候可就防不胜防了。相反，如果狗狗从未有机会品尝到垃圾，那么它的注意力就不会集中在寻找垃圾上，主人就容易防范。

因此，建议主人在狗狗刚到家后，就开始训练它**戴口套**，从第一次出门开始，就把口套和牵引绳一起作为出门必备的装备。您可以在能够监管它时（例如系着牵引绳时），给它去掉口套；而在无法监管它时（例如自由活动时），给它戴上口套。那样它就不能捡垃圾吃了，而主人也会变得轻松多了。不过有很多口套是用来防止狗狗咬人的，并不能防止它吃食，所以要注意选择能防止狗狗捡食垃圾的口套。

如果不戴口套，那么主人在和狗狗散步时，一定要**随时注意路面的情况以及狗狗的动向**。尤其是在经过垃圾桶之类的"高危"区域时，最好能比狗狗提前发现地上是否有垃圾，并在有"可疑情况"时及早绕道而行。**远离诱惑永远是防止受到诱惑的最好办法。**当狗狗停下来嗅时，主人要仔细观察地上是否有可疑物品，如果有可疑物品要及时带狗狗离开或者发出禁食口令。

第三节　如何纠正狗狗捡垃圾吃的坏习惯

前面说过，狗狗一旦尝到过垃圾的味道，以后出门就会把注意力集中在找垃圾上面，这时就很难彻底纠正了。所以，对于已经养成捡垃圾吃的习惯的狗狗，最好的办法就是出门给它**戴口套**。

如果实在不愿意给狗狗戴口套，那么也可以通过行为训练加以改善。

训练要点：

（1）加强首领权威。

按照第三篇第三章"如何做狗狗眼中的首领"中的说明，从各方面改变主人的行为，确立主人的首领地位。

（2）重点加强对狗狗"听令禁食"的训练。

（3）以物换物。

主人要改变以前一发现狗狗吃垃圾就追逐、打骂、从狗嘴夺食的"恶人"形象，改成用温柔的语气跟狗狗说"给我"，并立即用零食交换。和预防训练不同的是，这里用的零食一定要"高级"，要对狗狗有足够吸引力。因为狗狗已经尝过垃圾的味道，并且觉得很好吃，所以如果用普通的零食，比如一粒狗粮来交换，它会觉得"不划算"，从而放弃狗粮而选择吃下自己找到的垃圾。

（4）出门时给狗狗系好牵引绳，注意观察，远离垃圾。

狗狗能够自己捡到垃圾吃的次数越多，其行为就越难纠正。因为它会把捡垃圾当成"打猎"，出门满脑子都是找垃圾吃，那个时候，主人在遛狗时稍不留神就会被它钻了空子。不让狗狗有机会犯错非常重要！

（5）设置"陷阱"，让狗狗自动降低对捡垃圾的兴趣。

我们已经知道，当狗狗的某种行为曾给它带来"好的"结果时，这种行为就会被加强；而当该行为给它带来"坏的"结果，或者被证明是徒劳的，这种行为就会逐渐消失。因此，我们可以采取以下措施。

1）清理垃圾，奖励召回。 提前检查狗狗经常捡垃圾的区域，例如垃圾桶附近，清理掉所有它可能感兴趣的东西。然后带它出去，并松绳让它自由地跑到该区域活动。接着在稍远处对它进行召回。等它回来后立即奖励。连续几天重复上面的步骤，您会发现狗狗回到您身边的速度越来越快。因为连续几次的徒劳，它对垃圾桶区域的兴趣已经大大降低了，而对回到主人身边的兴趣则大大提高了。

2）惊吓惩罚。 事先准备好一样能让狗狗害怕的工具，例如水枪、装有鹅卵石的小铁罐或者专用压缩空气罐等，然后预先在散步的途中**放上"诱饵"**。建议放置大一点的狗咬胶，这样万一试验失败，狗狗也不至于立即吞下"诱饵"。主人还可以用零食交换。准备的零食一定要比骨头高级！

在狗狗准备去吃"诱饵"的一瞬间，立即用水枪对其喷水；或者把小铁罐重重地扔到它身边，让其发出巨响；或者使用压缩空气罐等。总之要**让它吓一大跳**，从而**暂停吃"诱饵"**。但不要让它看到是谁弄出的声音。（可以请朋友躲在一边帮忙发出巨响。）此时主人立即当着狗狗的面**拿走"诱饵"**，并**进行奖励**。这样重复多次后，狗狗会觉得**吃地上的垃圾是件很危险的事，而不去碰垃圾反而能得到奖励，以后对捡垃圾的兴趣也会渐渐降低**。

或者也可以厉声说惩罚口令**"No"**，同时**用力跺脚，惊吓狗狗**。这种方法的**好处是比较简单**，无须道具和朋友配合，而且以后如果遇到垃圾，主人只要说"No"，狗狗就能听令禁食；但**缺点是**，狗狗知道这是主人发出的声音，所以以后主人在身边的时候不会去捡食垃圾，**一旦主人离得远一点，它就会觉得安全了，照吃不误**。

案例：

留下刚来的时候还是很听话的。每当我发现它在草地上捡了垃圾衔在嘴里时，只要我走到它身边，厉声说"给我"，它虽然不情愿，却仍然听话地把嘴里的东西吐在我手上。

但很快，它就不愿意再这样做了。每次还没等我靠近，它就已经警惕地往远处逃跑，边逃边加速狼吞虎咽，直到把垃圾吞下肚子，才肯停下来。有一次我在院子里晾晒的两截川味香肠不小心掉在了地上，它捡到了之后，立即边逃边吃，不到半分钟的工夫，就在我眼皮底下把两截将近20厘米长的又咸又辣的生香肠给吞进了肚子！

后来我尝试从狗狗的角度去理解捡垃圾吃这种行为。

无论是大便，还是发臭的肉骨头或者动物腐尸之类的我们人类认为很恶心的东西，对狗狗来说都是美味。狗狗对于自己在"野外"辛苦找来的"美味"当然不舍得白白地"拱手相让"。

理解了狗狗的想法之后，我采取了以下措施。

（1）远离诱惑。

（2）以物换物。

（3）加强首领权威，同时进行听令禁食训练。

采取上述措施之后，留下最明显的进步如下。

（1）出门后不再一门心思低头找垃圾吃。

（2）偶尔找到垃圾，它也不再会急着一边逃跑一边吞咽了。当我要求它"给我"的时候，如果捡到的东西不"高级"，它也会乖乖地把到嘴的"宝贝"吐出来。

（3）如果我比它先看到垃圾，只要我发出禁食口令，它会很快停下，不会再企图去跟我抢了。

第八章

乞讨零食

很多人喜欢在自己吃零食的时候和狗狗分享，因为觉得狗狗可怜巴巴地盯着自己，不给过意不去，或者觉得狗狗乞讨零食时乖巧的样子很可爱。

但问题是，不是所有的人类零食都适合狗狗吃。首先，人类大部分零食含有大量脂肪、糖或者盐分等不利于狗狗健康的成分。所以，跟狗狗分享人类的零食，对狗狗的健康不利。其次，如果这次给狗狗吃了，下次因为种种原因不给它吃，反而会让它很困惑。

有位狗主人跟我说："我家狗狗对塑料袋的声音特别敏感，每次只要一听到塑料袋窸窸窣窣的响声，就会立即跑到我跟前来查看是否有吃的。先是用眼睛可怜巴巴地看着我，要是不给，就不停地用爪子抓我。害得我现在吃零食像做贼一样。"这段话恐怕会引起很多狗主人的共鸣。不过，如果做主人的经常要"偷偷摸摸"地吃零食，那种感觉实在是有点让人不爽。

关于乞讨零食这个习惯，主人的态度真是很矛盾。一方面，主人喜欢用零食来"讨好"狗狗，看到狗狗得到零食以后欢天喜地的样子，主人心里也像灌了蜜似的；但另一方面，主人又会为失去了吃零食的"自由"而感到烦恼。

其实，狗狗自己也很"烦恼"。本来正睡得香，半梦半醒中忽然传来主人打开塑料袋的声音，于是得立刻起床跑去查看是否有吃的。有时候，主人却又不知何故不肯痛痛快快地给自己吃，只好在主人身边眼巴巴地等候。

第一节　狗狗为什么会养成乞讨零食的坏习惯

跟所有的坏习惯一样，狗狗之所以会养成乞讨零食的坏习惯，甚至一听到塑料袋的声音就立即前来乞讨，也是主人造成的。

一般刚开始的时候，狗狗对人类的零食是不会主动感兴趣的，因为那种气味并非它们所熟悉的肉类的味道。往往是主人在打开塑料包装后，自己主动请狗狗尝鲜。而狗狗尝了之后，觉得味道还不错，于是本能地用眼睛看着主人，希望能再来一点。

主人见狗狗看着自己，就又给了一小块。于是，它知道"盯着主人看"是能得到主人手中零食的有效动作。下次主人要是没有给，它就会更长久地盯着主人看。"可怜巴巴"的眼神就这样被训练出来了。

给了几次之后，主人觉得狗狗吃得够多了，于是跟它说"没有了"，然后也不再给了。而狗狗因为以前从来没有听到过"没有了"，自然也不解其意，它只知道一直看着主人。但这次似乎这个办法不灵验了，看了很久主人还是没有给自己吃。于是有些着急的它决定试试别的办法。它抬起一只前爪碰了一下主人，希望能引起主人的注意。

这个办法果然奏效了。主人惊讶于狗狗的聪明，于是又给了它一块零食。当然，这块零食所起到的作用相当于告诉狗狗："真聪明，做得对！用爪子来抓我吧，你会得到奖励的！"于是狗狗学到了：当主人说"没有了"之后，就要改成用爪子抓主人来获得食物。因此，当主人再次告诉它"没有了"之后，它开始连续不断地抓主人，希望用这样的努力来获得奖励。主人被抓得不耐烦，只好再给一块零食，想以此来打发它离开。"用爪子抓主人"来获得零食的动作于是也被成功地训练出来了。

第二天，主人又拆开一包零食主动跟狗狗分享。这次，塑料包装的声音和美味的零食紧密地联系在了一起。狗狗记住了这个美妙的声音。从此，只要一听见类似的声音，它的头脑中就会立即做出"主人又拿零食出来了"的反应，因此会迅速地跑到主人跟前来查看。

第二节　如何预防狗狗养成乞讨零食的坏习惯

很多训犬书上都建议，预防狗狗养成乞讨零食的习惯，最好的办法就是主人自己在吃零食的时候，从来不跟狗狗分享。

还记得第一篇第二章第三节"孤立事件学习"中所介绍的动物学习的第三种方式——通过孤立事件学习吗？**如果某种刺激不会产生任何后果（对于动物来说），动物就会停止对该刺激产生反应，这**

种现象被称为"学习到的不相关性"。

如果主人自己在吃零食的时候，无论狗狗做出何种反应，都不予理睬，更不和它分享零食，那么它很快就会学习到，塑料袋发出的声响也好，零食散发出的诱人香味也好，都和自己不相关。于是狗狗宁愿在一边睡大觉，也不愿意白费力气地盯着主人看，更别说去抓主人了。

这个办法虽然非常有效，却让主人失去了养狗的一大乐趣。我更倾向**由主人来掌控给或者不给零食**。这样既能让主人和狗狗享受到分享零食的快乐，增进狗狗和主人之间的感情，又能保证主人有时希望独享零食的自由，还能保证狗狗的健康。当然，从首领权威的角度来说，经常跟狗狗分享零食的主人和从不跟狗狗分享零食的主人相比，前者的威信会低于后者。所以，主人应根据实际情况决定选用哪种方法。

训练要点：

（1）主人每次准备跟狗狗分享零食时，一定要把零食作为训练的奖励。

可以让狗狗做些简单的服从性训练，例如可以先叫狗狗"过来"，然后"坐下"，接着再给它一小块零食作为奖励。等一下再让它"握手"，然后再给一块零食。千万不要没有发出任何指令，而只是当狗狗在看着你，或者用爪子抓你时就给它吃，那样会让它误认为这是对这些动作的奖励。

（2）用指令结束"下午茶"时间。

当主人不准备再给狗狗吃的时候，可以发出一个结束"下午茶"时间的口令，例如"没有了"，同时摊开两手给它看一下，作为手势。然后主人自己可以继续吃，但就是不再理会狗狗做出的任何反应，也不要看它。通常第一次结束的时候，狗狗会盯着主人看，用爪子抓主人，甚至主动把学过的所有动作都表演一番，这时主人千万不可以心软，哪怕你朝它看了一眼，都是在鼓励它继续那么做。没有了就是没有了，不能说话不算数，说了"没有了"又再给狗狗吃，那样指令就无效了。

如果您能坚持不看、不理、不给的"三不政策"，一般最多5分钟，狗狗就会放弃努力，乖乖地到一边趴着休息去了。几次之后，当您再发出结束指令时，它就不会再做出乞讨动作，而是很快地到旁边趴着去了。如果狗狗之前从来没有过乞讨成功的经历，那么这个指令很快会奏效。

第三节　如何纠正狗狗乞讨零食的坏习惯

纠正的方法和预防的方法相同，您可以选择从此以后再也不跟狗狗分享零食，也可以选择更加"狗性化"的方法——由主人掌控开始和结束吃零食。要注意以下几点。

（1）坚持"三不政策"。

由于狗狗已经有讨到零食的成功经验，刚开始改变游戏规则时，它还不能相信这次主人真的不会和自己分享零食了，因此会用更长时间、更加剧烈的动作来进行尝试。这时，主人一定要有充分的信心和耐心坚持不看、不理、不给的"三不政策"。

（2）行为一致。

家庭所有成员的行为一定要一致。不要爸爸刚开始实行"三不政策"，妈妈或者姥姥觉得小狗可怜，又给它零食。

（3）更换口令。

如果以前您经常在说"没有了"之后又继续给狗狗吃，那么需要换一个以前没有用过的口令，例如"Over"。

案例：

我还记得跟留下分享的第一种零食是那种塑料袋包装的小麻花。回想起来，其实它当时并没有对我正在吃的这种古怪的没有肉味的食物产生兴趣，是我自己主动给它尝试的。当然，这种又油又甜还脆脆的东西很合狗狗的胃口，吃了一口之后，它开始明显露出那种眼巴巴的样子，乖乖地坐在我身边等着我继续递给它。从此之后，我便失去了独享零食的"自由"。无论我躲在哪里偷吃，只要塑料包装袋发出一点声音，留下就会瞬间出现在我面前，露出可怜巴巴的眼神。

后来我决定给留下纠正乞讨零食的坏习惯。其实，与其说是纠正留下的行为，不如说是纠正我自己的行为。

首先要硬起心肠，当着它的面"独享"自己的零食，完全无视它可怜巴巴的眼神。刚开始训练时，留下还不知道游戏规则已经改变，仍然像往常一样眼巴巴地望着我。我故意不去看它，自顾自地边吃边看电视。等了几分钟后，留下以为我没有看见它，开始着急地用爪子碰碰我，提醒我它的存在。我硬起心肠，继续不看它，并继续吃东西。5分钟不到，就在我快坚持不住的时候，奇迹发生了！留下居然自己走开，在附近趴了下来，再也不来看我的零食了。而且看上去似乎它也挺放松的，丝毫没有纠结难受的样子。

这样的训练重复了两三次之后，我终于又获得了边看电视边吃零食，而不被留下打扰的自由。

第九章

桌边乞食

很多狗狗一到主人用餐的时间，就会头一个跑到桌边等着开饭。跟乞讨零食一样，它也会用可怜巴巴的眼神、用前爪碰主人的腿等讨饭动作来乞求主人从桌上给自己扔点好吃的下来。

为什么要纠正这个习惯呢？我的理由有以下三点。

（1）如果主人平时用餐时允许狗狗过来乞食，但来客人时又不希望它过来打扰，这对它不仅不公平，更会造成它的困惑，因为主人的行为前后不一致。

（2）不是所有人都懂得什么可以给狗狗吃，什么不可以。如果狗狗来桌边乞食，有些不懂狗的客人容易给它吃一些不应该吃的东西，比如肥肉、鸡骨头等。

（3）最重要的是，这会破坏主人辛辛苦苦建立起来的首领威信。要知道，狗或者狼首领在用餐的时候，是绝对不允许其他成员来分享的。

第一节　狗狗为什么会养成到桌边乞食的坏习惯

跟乞讨零食一样，主人用餐时，狗狗到桌边来乞食的毛病一定是主人惯出来的。只要有人曾经在桌边扔过一块肉骨头给狗狗，那么下次开饭的时候，狗狗一定会跑得比谁都快，而且会牢牢记住给过自己肉骨头的人。

第二节　如何预防狗狗养成到桌边乞食的坏习惯

预防狗狗养成到桌边乞食的坏习惯的最好办法就是：**所有家庭成员在自己用餐时都一致做到绝对不从桌边给狗狗喂食**。有客人来的时候也要提前关照客人不要喂食。

如果狗狗从来没有从桌边得到过食物，就会学习到：主人在饭桌上吃山珍海味都和自己无关（**学习到的不相关性**）。这样在主人吃饭时狗狗就不会眼巴巴地到桌边等着了。

第三节　如何纠正狗狗到桌边乞食的坏习惯

如果狗狗已经养成了在桌边乞食的坏习惯，要纠正也不难。就跟纠正乞讨零食一样的做法，硬起心肠对狗狗不理睬就可以了。一般最多5分钟，聪明的狗狗就会明白自己的地位，乖乖地到一边趴着去了。只是，因为以前有过成功的经验，所以下次开饭时，它还会过来尝试一下。同样，成功的经验越多，狗狗就会越执着，不会轻言放弃。但是，如果主人能坚持以后一直不从桌边喂食，那么几次之后，狗狗对主人开饭这件事就会失去兴趣。

案例：

以前我也觉得自己在桌边大吃大喝，一点也不给留下吃，实在太不够意思了，所以总是时不时地从桌边扔点好吃的给它。结果每次一开饭，它就会到桌边等着。很多时候，桌上并没有适合它吃的东西，它也会一直在那里等。

留下为了吃很会动脑筋，讨饭的花样很多。通常是先眼巴巴地望着我，等不到，就会用爪子来拍拍我；再等不到，又会脱下我脚上的拖鞋，叼到一边等着，一听到我说"拖鞋给妈妈"的口令时，立即讨好地递上拖鞋，企图用劳动换点好吃的。

但是，我从留下身上明白了不和"下属"分享食物的做法是正确的，是符合狗狗世界的逻辑的。

我在丽江束河古镇旅游的时候，留下曾经和金毛Jacky演绎了一段动人的爱情故事。虽然Jacky的身高是留下的几倍，但还是可以明显看出，在它们的相处过程中，留下一直是以首领自居的。一个有力的证据就是，每到开饭的时候，它就一反平时小鸟依人的温柔模样，怒吼着把Jacky赶出门，然后才开始独享美食。直到它"酒足饭饱"，心满意足地主动离开饭盆了，才允许可怜的Jacky过来舔食自己的剩饭。而面对首领的吼叫，高大的Jacky居然毫不反抗。而且在挨训之后，每到用餐时间，Jacky就自动离首领的饭盆远远的，一副逆来顺受的样子。等到吃完饭，留下则又会和Jacky你侬我侬起来，亲热得不得了，仿佛根本没有刚才那回事。Jacky也丝毫没有因为留下在吃饭时的无情举动而心怀芥蒂。

所以，**作为"首领"，在自己进食时不和"下属"分享是很正常的，主人完全不必因此而感到愧疚。**

道理是明白了，但是做起来还是有点困难。关键是要所有家庭成员都认同这个道理，统一行动，不在桌边给狗狗喂食。如果家里来客人，也要跟客人提前说清楚。而且一定要所有的时候都行动一致。千万不可这次给它吃，下次又开始遵守规矩。这样对狗狗来说真是一件很痛苦的事。

因为留下养成桌边乞食坏习惯的时间不长，所以纠正起来相当顺利。我只是对它在桌边的一切乞食行为都不予理睬，5分钟不到，它就放弃了努力，自觉地到一边趴着去了。

但是我在纠正另一只狗安东尼的时候，就足足花了15分钟才让它明白，从桌边不会讨到任何食物，最后它终于乖乖到一边趴着休息了。当时安东尼大约5岁，从小到大在餐桌边都有一个专属位置，每次主人吃饭，它就坐在自己的专座上，分享主人的食物。这样纠正起来自然要多花点时间了。

第十章

——————

偷吃东西

有些狗狗会偷吃东西。

所谓偷吃，就是趁主人不在时，主动寻找并采用各种手段吃掉一切可以吃的东西。一般有偷吃习惯的狗狗会到主人意想不到的地方，吃掉主人意想不到的东西，或者吃掉主人意想不到的量。

比如瓯元在它家里就曾经有过各种令人称奇的偷吃记录，包括：通过放在桌边的椅子爬到饭桌上偷吃掉一整碗梅干菜焖肉；拆开塑料真空包装，咬碎蛋壳，偷吃掉两个咸鸭蛋；拆开快递员刚送来的10千克狗粮的包装袋，一口气吃到吐；拉开装零食的抽屉，吃掉整包狗饼干等。

家里要是有了一只像瓯元这样爱偷吃的狗狗，那可真是令主人头疼不已。不但放任何食物都必须小心谨慎，以免一不留神就被偷吃了，还得担心狗狗是否会吃坏肚子。

第一节　狗狗为什么会养成偷吃的坏习惯

首先要说的是，偷吃只是我们人类给狗狗贴上的标签，狗狗自己是不承认的。

琼·唐纳森所描述的关于狗狗的十大真相包括以下内容。

第二条：没有道德观念（没有正确和错误的概念，只有安全和危险的意识）。

第五条：猎食动物（搜索、追赶、撕咬、肢解以及咀嚼等行为都是固定程序）。

第八条：机会主义的食腐动物（只要是可以吃并且吃得到的东西，一律当场吃光）。

因此，所谓爱偷吃的狗狗只是在本能的驱使下，通过搜索寻找食物，并且为了避免夜长梦多，找到后立即把它吃掉而已。这可是它们的老祖宗——狼每天必须要做的事情。至于为什么要趁主人不在的时候做这件事情，道理很简单，因为主人在的时候这样做会挨打——危险，主人不在的时候这样做不会挨打——安全！

刚开始，主人可能无意中把很吸引狗狗的正常食物，例如瓯元最先尝试的梅干菜焖肉，放在了狗狗容易找到的地方——敞开放在饭桌上，然后又长时间地让它无所事事地独自在家。百无聊赖之下，狗狗决定用"打猎"来作为消遣。结果意外地嗅到了桌上的肉。大喜过望的狗狗毫不客气地把碗舔得干干净净。

有了这次成功的经验，第二天等主人一离开，狗狗就开始主动地在饭桌附近搜寻起来。这次，主人已经把饭菜都藏了起来。但是因为目标明确，所以凭借灵敏的嗅觉，它还是发现了一个塑料真空包装的疑似食物的小球。咬开包装之后，发现里面的咸鸭蛋味道还不错，就吃了下去。

从此，狗狗开始把"猎物"的范围扩大到了一切带包装的物品上。凡是眼前出现了此类物品，必须仔细地闻一闻，要是有食物的味道，就立即通过撕咬设法打开包装。这可比直接吃饭要带劲儿多了。既要用鼻子搜索猎物，还要动脑筋到达猎物跟前，然后还要撕咬。狗狗的猎食本能基本得到了满足。

从此，狗狗开始迷恋上了这项活动。虽然主人出门前小心地藏好了食物，但哪经得起十几个小时独自在家，有着超级灵敏嗅觉而又一心扑在食物上的狗狗的搜索呢？于是，上桌、翻抽屉、上灶台等偷吃的事故一而再再而三地发生……

第二节　如何预防狗狗养成偷吃的坏习惯

要预防狗狗养成偷吃的习惯，应同时从以下几方面着手。

（1）杜绝第一次。

主人离家时，一定不能把食物敞开放在狗狗容易找到的地方。如果狗狗没有成功偷吃的经验，就不会专注地到处去搜索食物。

（2）主人要离开较长时间（3小时以上）前，应让狗狗消耗过剩的精力。

精力旺盛加无所事事是令狗狗决定开始"打猎"的最主要原因。如果主人能在离家前带狗狗做充足的运动，那么回到家后，狗狗只顾趴在地上休息，就不容易想到再去"打猎"了。

（3）让狗狗独自在家时"有事"做。

给狗狗提供充足（涉及品种和数量）的玩具，并从小培养它自己玩玩具的习惯（参见第二篇第一章第三节"啃咬习惯训练"），让狗狗学会在无聊的时候用玩具来消遣。

（4）引导狗狗通过正当途径满足"打猎"的欲望。

凡是由于狗狗的天性而养成的坏习惯，都不应该用禁止的手段来"堵"，最好是用引导的方法去"疏"。因此，针对狗狗爱"打猎"的天性，可以在安全的地方（例如某一个"防狗"的房间，或者主人不可能放食物的地面上）预先藏好各种食物（可以是狗狗自己的正餐，也可以是零食）。先放少量食物在明显的地方，其他的藏在隐秘的地方。这样，狗狗以后就会习惯到这些地方去"打猎"，而不会突发奇想上桌去了（参见第三篇第四章第二节"'猎食'天性的出口"）。

第三节　如何纠正狗狗偷吃的坏习惯

对于已经养成偷吃习惯的狗狗，纠正的方法和预防的方法基本相同。但是，鉴于狗狗已经有了多次成功的经验，因此要特别注意以下两点。

（1）绝对不能让狗狗再有成功的机会。

主人出门前，务必要"坚壁清野"，藏好一切可能被狗狗认为是食物的东西，千万不要低估它的嗅觉和对食物的欲望！

（2）设置"陷阱"，让狗狗觉得即使主人不在家，偷吃也是危险的。

例如针对瓯元通过椅子上桌偷吃的情况，主人可以将其他椅子都撤离桌子，剩下一把椅子放在滑板上，然后假装离开。等主人离开后，狗狗还会一如既往地跳上椅子。但是这次由于滑板的作用，它一跳上去就摔了下来。几次之后，它就会知道跳上椅子是不安全的。再配合"坚壁清野"等其他措施，狗狗很快就会放弃上桌的举动了。

案例：

前面讲到瓯元曾经有过各种令人称奇的偷吃行为，这也是当时它被送到我家来"上学"纠正的行为之一。但是，刚来的第一天，因为我的疏忽，就被它成功地从饭桌上偷走了一瓶橄榄菜。我赶紧采取了一系列综合措施，包括以下几点。

（1）"坚壁清野"。

离家时绝不在饭桌上留下任何东西，并且养成进出厨房随手关门的好习惯。

（2）消耗精力。

每天两次带它出去散步，每次至少1小时，并且专门找各种活泼好动的狗狗跟它玩追逐的游戏。

（3）正确引导。

我做了好几个绳球玩具，即用布条层层缠绕，做成一个绳球，在中间裹上各种零食。每次出门时，就放几个在它的房间里。瓯元非常喜欢这种球，总是会很专心地想尽办法把布条拆开，吃掉中间的食物。我还专门给它买了一个不倒翁漏食球。自从将食物放在漏食球里之后，原来几秒钟就吃完的一顿饭，大概要吃半个小时，而且在它把不倒翁扒拉得噼里啪啦响的同时大大消耗了它过剩的精力。

此外，我还教会了它在自己的房间里搜索食物。出门前，预先在房间里"埋藏"好食物。这以后瓯元再也没有发生过偷吃事件。我曾在离家后偷偷从窗外观察，发现它正忙着在自己的小房间"打猎"呢！

第十一章

挑食

在上一章里我们说过，狗狗的天性之一就是任何时候，只要眼前出现了可以吃的东西，就会立即把它吃掉。但有些狗狗却养成了一个相反的毛病——挑食，对眼前出现的食物不是立即吃掉，而是挑三拣四，如不合口味，就浅尝辄止，甚至拒食。

挑食是指狗狗**没有疾病**的情况下，**对有些不喜欢的食物**（例如狗粮）少吃或者不吃，**表现出厌食的样子**；但是**对喜欢吃的食物**（例如罐头或者肉）就能**正常进食**。挑食容易影响狗狗的正常生长发育，挑食的狗狗往往会只吃某种单一的食物或者减少进食量，导致营养不均衡或者营养缺乏。

第一节　狗狗为什么会养成挑食的坏习惯

如果不是疾病引起的厌食，挑食的毛病和主人的喂食方法不当有很大关系。

一般是因为狗狗的运动量过少，而主人给的食物（通常是狗狗兴趣不大的颗粒狗粮）又过多，于是胃口不佳的狗狗就在盆里剩了一些。

主人见狗狗没有吃完，就让狗粮剩在盆里，便于它肚子饿的时候去吃。这在自然界是不会经常发生的。在狼群中，如果一只狼没有一下子把食物吃完，就会立即被其他饥饿的狼抢走。即使没有分抢完，它也得马上找个安全的地方刨个坑，把剩下的食物埋起来，否则食物很快就会被别的动物抢走。

在吃下一顿的时候，由于狗粮的分量还是很多，肚子还是不饿，狗狗就放心大胆地剩了更多的狗粮，反正不用担心会被别人抢走。

而主人却开始心疼起来。为了鼓励狗狗吃完狗粮，主人决定给狗粮配点"菜"。于是拿出一根火腿肠切碎了拌在狗粮里。狗狗果然眼睛一亮，风卷残云般地吃掉了所有的火腿肠，却仍然剩了大部分的狗粮在碗里。这个本领跟狗狗的生理构造有关。它们评价食物的好坏主要是依靠嗅觉，而不是像我们人类一样主要靠味觉。只要闻上去是香喷喷的，对它们来说都是美味。而高度灵敏的嗅觉则使得它们能轻而易举地将火腿肠和狗粮区分开来。当然，少数几粒沾染了火腿肠气味的狗粮也被狗狗当成火腿肠一起吞下了肚子。

主人以为是自己给的"菜"不够多，于是又拌了一点火腿肠进去。当然结果还是一样的，狗狗又挑完了所有的火腿肠，剩了大部分的狗粮。这时狗狗已经学到：原来只要拒吃就能得到更好吃的东西。

主人却觉得拌了火腿肠后，狗狗还是吃掉了一点狗粮，于是下次吃饭时，直接就给它火腿肠拌狗粮。没想到，这次狗狗居然什么都不吃了。着急的主人觉得它大概是吃厌了，于是把火腿肠换成了牛肉。狗狗这才满意地从狗粮里挑出了牛肉吃掉。窃喜的狗狗想："本来我也只是想试探一下的，没想到拒吃这招这么灵验啊！"

于是，下次拒吃牛肉，狗狗得到了排骨。再下次拒吃排骨，狗狗得到了烤鸡。一个越来越挑食的狗狗就这样被主人自己给宠出来了。

第二节　如何预防狗狗养成挑食的坏习惯

要预防狗狗养成挑食的毛病，主人一定要掌握以下几条原则。

（1）保证狗狗每天有充足的运动量。

跟人类一样，一只整天趴在家里睡觉不运动的狗狗，是不会有好胃口的。

（2）给的食物要适量，不要过量。

喂狗粮时请参照包装袋上的说明，根据狗狗的体重喂食。喂自制粮时先以狗狗体重的3%~4%作为每日喂食总量的基础值，然后每周称体重，根据狗狗体重的变化相应增加或者减少喂食量。另外有一个简单的方法可以帮助主人判定给的食物量是否合适：把给狗狗准备的食物分成2~3份，先给第一份，如果狗狗在半分钟内吃完，再给第二份、第三份。如果发现狗狗进食速度开始减慢，就不要再给食物了。

（3）没有吃完的食物要及时收走。

如果狗狗在5分钟内没有吃完最后一份食物，并且已经停止进食，只是趴在食盆旁边守护，则必须将食物收走。不要将食物留在原处任由它取用，更不可以在它剩饭之后再给它更"高级"的食物。

（4）不要采用固体肉类拌狗粮的方法来改善口味。

如果实在担心狗粮不好吃，又不得不给狗狗吃狗粮，可以在狗粮里拌点酸奶、肉汤、鸡汤、猪肝汤，或者拌一点三文鱼油。这样可以让每一粒狗粮都散发出诱人的香气。

（5）吃完狗粮再吃点心。

如果既要以狗粮为主食，又想要给狗狗吃点好吃的肉，那么至少一定要坚持把肉当成餐后点心，等它吃完狗粮再给肉。如果剩了狗粮，就取消点心。

（6）定时定量。

尽量做到定时定量喂食。不要把一天的食物一次性放在地上让狗狗自由取食，那样不但容易让狗狗养成挑食的坏习惯，还容易让它误认为自己是首领，享有对食物的所有权，从而引发更多行为问题。建议幼犬一天喂3~4顿，成年犬一天喂2~3顿。

> **小贴士**　**（1）自制狗饭是根本。**虽然说狗狗挑食在某种程度上是喂食方法不当引起的，但是，对于那些吃了肉之后不再愿意吃狗粮的狗狗来说，归根结底还是因为狗粮只是一种方便食品，并不是最适合狗狗这种食肉动物的食物。如果您有时间，建议按照《狗狗的健康吃出来》中所介绍的方法，用新鲜的食材给狗狗自制营养美味的狗饭。

（2）**给狗狗选择的权利。**狗狗和人一样，也有自己对于食物的偏好。如果有可能，最好每次给它两种食物进行选择，例如鸡肉饭或者鸭肉饭，您会发现，它会更喜欢其中的某一种，比如鸡肉饭。这时您就可以主动给它吃鸡肉饭，而不用被动地等它把鸭肉饭剩下后再给它鸡肉饭。通过这种方法，您可以逐渐了解狗狗的口味，以后给它提供的狗饭会更合它的心意，就不容易造成挑食了。

第三节　如何纠正狗狗挑食的坏习惯

纠正的原则和预防相同，但是要特别注意以下几点。

（1）刚开始纠正的时候，要降低标准。

例如应该给狗狗吃50克狗粮，那么刚开始训练时可以减少分量，只给10克，甚至更少。设法让它吃完就好。然后逐渐增加狗粮到正常量。

（2）饭后奖励。

在狗狗把减量后的狗粮吃完之后，给一小块它喜欢的肉作为奖励。目的是让狗狗明白从现在开始游戏规则变了：吃完狗粮才能有肉吃。然后再逐渐增加狗粮的量。

（3）不要被狗狗的拒食行为打败。

由于狗狗已经有了无数次通过拒食获得成功的经验，因此刚开始纠正时，它仍然会试图用拒食来获得自己喜欢吃的食物。这时，主人千万不可心软，一定要坚持5分钟原则，即5分钟内不吃完狗粮就立刻收走，并且没有肉的奖励。但是可以增加喂食次数，即在收走剩饭两三个小时后，再次喂食。

有些人说，狗狗挑食就不给吃饭，它饿了自然就会吃。这种不讲究方法的"饿"是不可取的。因为如果狗狗之前通过拒食获得成功的时间越长，它就越会执着于拒食这种行为。如果原来它拒食半天就获得了好吃的食物，现在很有可能饿它一天也不会进食，而这时候如果主人一心软，给了它想要的食物，那么下一次它拒食的时间就有可能延长到两天。我曾经见过一只最长拒食7天的狗，最终还是主人认输。

小贴士　如果家里有多个宠物，那么引入竞争机制将会是个不错的办法。即当挑食的狗狗拒食超过5分钟后，当着它的面把它食盆里的食物分给别的宠物吃，让它有危机感。

案例：

笨笨是只8个月大的迷你红色贵宾犬，因为挑食等毛病被送到我家来进行纠正训练。据笨笨的主人Z小姐说，笨笨小时候还挺爱吃狗粮的，后来不知道从什么时候起不爱吃了。平时在家里都是用肉块拌狗粮任其食用。一般它总是把肉挑走，剩下狗粮。而剩下的狗粮在饭盆里放上整整一天也不见少。而且同样的肉如果连吃三天，它就会又开始绝食，得鸡肉、牛肉等肉类换着品种来。

此外，因为笨笨体形小，Z小姐觉得家里就够它玩了，所以很少带它出门散步，每隔几天才带它下楼一次。平时Z小姐还喜欢时不时地给笨笨吃零食。

根据上述情况，我断定笨笨的挑食主要是以下原因引起的。

（1）运动量过少造成胃口不好。

（2）喂食量过多。

（3）喂食方法不当。

于是我采取了以下综合措施。

（1）增加运动量。

每天带笨笨出去两次，每次1小时左右。出去时特意找了几个狗朋友跟它玩。

（2）减少喂食量。

首先是基本取消零食，同时将每顿喂食量减少到额定数量的三分之一。

（3）改变喂食方法。

不在狗粮里拌肉。不吃就收走。吃完奖励肉。

（4）引入竞争机制。

允许留下来抢笨笨的狗粮。

笨笨的表现如下。

（1）第一天。

晚饭：给了它1小勺狗粮，它不吃，5分钟后收走。

（2）第二天。

早饭（7：30）：给了它1小勺狗粮，它不吃，5分钟后收走。

9：30：再次给了它1小勺狗粮，它不吃。从笨笨的食盆里拿了一粒狗粮给留下。然后再拿一粒给笨笨，它吃了。笨笨看着留下，感觉到了危机，赶紧加速吃完了所有的狗粮，而且吃完之后露出还想吃的样子。没有再给笨笨狗粮，目的是让它保持一定的饥饿感。

晚饭（17：00）：先给了它 1 小勺狗粮，它很快吃完。再加了 1 勺，它也很快吃完。然后表扬它，并往碗里添了1勺我给留下做的饭（鸡肉、西兰花以及米饭），它非常喜欢，几秒吃完。

（3）第三天。

早饭（7：30）：先给了它 1 小勺狗粮，它很快吃完。再加了 1 勺，它也吃得很快。但还剩几粒狗粮的时候，它停了下来。因为那时候我开始给留下吃自制的狗饭。我拿了 1 勺留下的饭到笨笨身边，不给它，同时拿起碗里的狗粮让它吃。它一开始不吃，对峙了一会儿，终于吃掉了剩下的狗粮。立即表扬它，然后把留下的饭放在笨笨碗里，它几秒吃完。

晚饭（17：00）：它已经能很快地吃掉 3 勺狗粮（分 3 次给的）。当然最后它还获得了奖励。

现在，笨笨已经完全理解了新的吃饭规矩：先吃狗粮，吃完狗粮再吃点心。

第十二章

进门扑人

绝大多数狗主人在回家时会受到狗狗超级热情的问候。我家狗狗就是这样。

无论我离家五分钟还是五个小时，当我回到家时，它们都会热情如火地扑到我身上，给我一个大大的拥抱。每当此时，我的一切烦恼都会随之烟消云散。相信所有狗主人都会有同感吧！为什么还要纠正呢？

如果您能保证每次都这么享受，不会因为有一天您身上穿的特别昂贵漂亮的新衣服被狗狗的热情拥抱弄破了，或者哪天您手上拿着的刚买来的鸡蛋被它撞到地上打碎了，又或者当某一天毛茸茸的小家伙长成了几十斤重的大个子，体重加上冲力把您撞得一屁股坐在地上时，而对它大声斥责，那么也许您可以不必纠正狗狗的这种问候方式。否则，如果您时而对狗狗的问候报以热情的回应，时而又加以责骂，狗狗一定会困惑不已。

此外，有扑人习惯的狗狗还很容易对所有的访客，包括怕狗的访客，甚至在路上碰到的陌生人都以同样的方式来表达它的热情，从而引起麻烦。

第一节　狗狗为什么会喜欢扑人

跟人类之间见面握手拥抱一样，狗狗在见面时喜欢用互闻吻部表示问候。在狼群中，低等级的成员还会在重逢时用舌头舔头狼的吻部以示尊重。据说这个习惯源于幼狼用舔母狼吻部来刺激母狼反刍，以获得食物的行为。

而由于直立行走的人类远比狗高大，为了能够成功地舔到主人，狗狗就会不自觉地采用后腿站立，前腿扑在主人身上的姿势，以便能尽可能地接近主人的嘴部，有时还会用跳跃来增加自己的高度。

此外，由于对于狼群来说，每一次出门打猎都有可能遭遇意外，每一次的分别都有可能是永别，因此对于每一次的重逢都充满了生的喜悦，必须要进行仪式性的问候。狗狗遗传了祖先的这个习性。无论跟主人分离了多久，哪怕只有几分钟，都会毫不掩饰心中的欢喜，扑到主人身上，一丝不苟地履行重逢的问候仪式。尤其是当它还是一个毛茸茸的小家伙时，几乎没有人能抵抗得了这种毫无保留的热情。然而，当主人充满爱意地回应狗狗的拥抱时，就是在用肢体语言告诉它：我很喜欢你扑我，下次继续这么做吧！

受到了鼓励的狗狗于是就学会了用扑人的方式来表达自己对所喜爱的人类的问候。

第二节　如何预防狗狗养成扑人的习惯

一、主人掌握主动权

要预防狗狗（尤其是大型犬）养成扑人的习惯，而同时又能享受狗狗的这种天生的热情，最好的办法就是由**主人来掌握问候的主动权**。

训练要点：

（1）先忽略。

主人刚进门时，应先采取"三不政策"（不看、不说、不碰），径直去做自己的事情。例如放好手中的物品，换上一件家居服。如果狗狗扑到主人身上，只要用手用力将它推开即可。不要看它，也不要跟它说话或者骂它，更不要接受它的拥抱。

（2）再问候。

等狗狗平静以后，主人再主动热情地问候它。这个时候，您想怎么拥抱狗狗都可以！聪明的狗狗很快就会学会：主动去扑主人是不会得到回应的，安静地等待才会引起主人的注意。

二、由主人决定问候仪式的形式

还有一个方法就是由**主人来决定问候仪式的形式**，引进一种新的和扑人"不兼容"的问候仪式，使得狗狗在做了主人要求的问候方式的同时，无法做出扑人的动作。

（1）主人可以一进门就蹲下，把自己降到跟狗狗同样的高度。这样狗狗可以轻而易举地舔到主人的脸，完成它自己的问候仪式，就没有必要再跳起来扑人了。等狗狗舔了几下之后，主人就可以站起来做自己的事，不要再理会它。

（2）主人也可以一进门就要求狗狗"坐下"，然后奖励。

（3）主人还可以一进门就跟狗狗玩个拔河游戏或者捡球的游戏。

第三节　如何纠正狗狗扑人的习惯

纠正的方法和预防的方法相同，但要注意以下两点。

（1）抓准时机。

刚开始采取"三不政策"时，狗狗会继续尝试扑人的动作，时间会更长，也会更激烈，需要主人有足够的耐心。一般最多5分钟，它就会偃旗息鼓了。在它**安静下来的瞬间**，主人要抓住时机立即表扬，并用主动拥抱作为奖励。

（2）统一思想。

所有家庭成员，包括访客都要一致采取"三不政策"。

案例：

留下刚来的时候，因为我自己无意识的鼓励，让它很快养成了扑人的习惯。后来我决定对其进行纠正。

刚开始训练的时候，我一把推开扑上来拥抱我的留下，极力控制自己想去回应它的欲望，不去注视它的眼睛，径直向卧室走去。留下尝试了两次都被我推开之后，困惑地跟着我到了卧室，但只是在一旁观察我，没有再企图扑上来。我在卧室换了件衣服，转过身来，对留下露出一个大大的笑容，然后热情主动地抱住它亲了又亲。留下立刻变得高兴起来，在我的脸上舔了又舔，表示回应，丝毫不计较刚才我对它的冷淡。

在这一瞬间，我知道自己成功了。

在跟狗狗相处的过程中，我们还是可以尽情地享受狗狗对我们的热情，关键是，要把主动权掌握在我们的手上。

第十三章

叫个不停

大叫可以说是最难纠正的行为了，原因有以下几点。

（1）基因的作用。

由于大叫能起到报警和警告敌人的作用，因此人类最早刻意地选择了那些喜欢大叫的狼作为自己的伙伴。经过一代又一代的选择，大叫成为狗的本能之一。

（2）没有可以替代大叫的行为。

对于其他因为本能而养成的坏习惯，例如啃咬家具，我们可以通过引导狗狗啃咬"合法"物品来满足其需求，从而让其改掉坏习惯。但是没有一种"合法"的行为可以替代大叫。

（3）首领支持。

有些行为，我们可以利用首领权威进行纠正，例如抢食、护食等。但在狗狗的世界里，大叫实在称不上是什么坏习惯，相反，它们喜欢一呼百应。只要有一只狗开始大叫，别的狗，包括首领都会开始不同程度地大叫。即便是有时候首领觉得没有跟着一起大叫的必要，但也绝对不会出手制止下属大叫。

（4）原因多样。

引起狗狗大叫的原因有多种，如果不仔细观察，主人就难以了解狗狗为什么会大叫，也就很难让狗狗不要叫了。

要想纠正狗狗叫个不停的习惯，必须从根源入手。

第一节　狗狗为什么会养成叫个不停的习惯

一、狗狗叫声的几种类别

狗狗经常发出的叫声有以下几种，主人如果注意观察，以后听到狗狗不同的叫声，就能够理解它为什么叫。

（1）看门叫声。

当有可疑人物经过领地时，狗狗一般会发出"汪！汪！……汪汪汪汪！！"的叫声。前面是几声短促的"汪"，中间有短暂的间隔。这是对群体中的其他成员（例如主人）发出报警：注意！有情况！然后是一长串连续的"汪汪汪汪"。这是对"敌人"发出警告：不要靠近！通常伴随着叫声，狗狗还会追逐着"敌人"激动地来回奔跑，这是在用行动驱赶"敌人"。

如果"敌人"很快离开了，例如普通的路人，那么狗狗也就会随之停止大叫。如果"敌人"继续靠近，甚至停留在附近，做些令狗生疑的事情，例如按门铃、敲门、喊叫等，那么狗狗就会叫得更凶，奔跑得更激动。

这种叫声和行为是狗狗在守护自己的领地，我把它称为"看门叫声"。

（2）警告敌人。

当狗狗遇到让其感到害怕的人或狗时，会皱起鼻子，露出牙齿，发出一声短促的叫声"汪"，警告对方不要再继续靠近。如果对方继续接近，它会再发出几声短促的叫声"汪汪"，接着根据情况将警告升级。如果对方离开了，叫声也会随之停止。

（3）呼唤同类。

当狗狗在发情期间在家里闻到了异性的味道，又或者听到远处有同类在大叫，狗狗通常会仰起脖子，发出"嗷——呜——"狼嚎一样的叫声或者"汪，汪汪汪汪——"先短后长的叫声，这是狗狗在呼朋唤友。

（4）请求帮助。

有些狗狗在希望获得主人的帮助时，会重复发出间隔的短促叫声"汪，汪，汪"，直至达到目的。

（5）百无聊赖。

有时候，如果狗狗被长时间单独关在家里，又没有足够的玩具，那么百无聊赖的狗狗会有一搭没一搭地发出"汪，汪，汪"这种短促、有间隔、不太响亮的叫声。我有一次经过一楼的一户人家，只见他们家的萨摩耶双脚搭在窗台上，眼巴巴地望着窗外，每当有路人经过时，它就会抱着一线希望发出几声"汪，汪，汪"的叫声，希望能引起路人的注意。这是很典型的百无聊赖的大叫。

二、这些大叫行为是如何变得越来越严重的

大叫是狗狗的本能。但是，环境因素（包括主人的行为）会强化或者弱化这种本能。

（1）看门叫声。

如果狗狗从小生活在鲜有陌生人经过的安静的环境中，那么当它长大后突然到了一个经常会有一些陌生声音的环境中时，狗狗就会因为害怕而经常大叫，以此向主人报警并警告"敌人"。如果伴随着狗狗的看门叫声"敌情"消失了（例如陌生人离开了、噪声停止了），那么狗狗会认为是自己的叫声把"敌人"赶走了，以后这种行为就会越来越严重。

（2）警告叫声。

如果狗狗在 5 个月大前没有接受良好的社会化训练（参见第二篇第二章第一节"社交能力训练"），那么等它长大后，就比较容易在遇到陌生人／狗时，因为害怕而发出第二种类型的警告叫声，希望通过叫声把对方赶走。假如在狗狗发出叫声时对方离开了，那么狗狗就会认为这种大叫警告是有效的，这种行为就被强化了。

（3）呼唤同类。

通常，当狗狗发出这种叫声时，是因为很想跟同类接触。如果狗狗一叫，主人就开了门让它出去和小伙伴玩，那么这种行为就得到了强化，以后如果主人不开门，狗狗会叫得更厉害。

（4）提要求。

不同品种的狗会有不同的情况。有的狗狗习惯于自力更生解决问题，从来不会用叫声主动请求主人的帮助。有的狗狗则更倾向于用叫声来请求主人的帮助。例如同样是遇到网球滚到电视柜底下的问题：大多数泰迪犬根本不会做任何努力，会冲着主人叫，希望主人过来帮它拿到球；而留下就从来不会冲着我叫，它总是会锲而不舍地尝试用爪子去够或者通过匍匐前进爬到柜子底下，设法自己拿到球。一般说来，血缘关系跟狼越近的狗狗越倾向于自力更生；跟狼越远的，越愿意请人类帮忙。

但是无论是哪种品种的狗狗，其实都不会一开始就用持续的叫声来引起主人的注意。往往是因为它想要达到某种目的，在情急之下尝试大叫之后，主人立即满足了它的要求，于是它很快就学会了用大叫来提要求。例如，有的狗狗刚开始一直乖乖地趴在地上。主人见它很安静，就忙着做自己的事情，没有理它。狗狗实在无聊了，很想出去玩，就尝试用大叫来引起主人的注意。主人听见叫声，才想起自己已经很长时间没有理会它了。于是内疚的主人赶紧带上狗狗出去玩。这样，大叫的行为就得到了奖励，而安静地趴着却没有得到主人的注意。于是，下次狗狗想出去玩的时候就会对主人大叫了。如果第一次大叫的时候主人没有理它，在狗狗连续叫了好几声之后，主人才去满足它的要求，那么它就学到了：要多叫几声主人才会理我。以后狗狗就会叫得越来越厉害。

（5）百无聊赖。

这种情况和第四种情况类似，狗狗大叫的目的都是希望能引起人注意。只是因为这种情况大多发生在主人不在家的时候，此时狗狗的大叫最多也只能引起路人的短时间驻足观看，因此这种大叫通常不会太激烈。但是，如果狗狗在大叫的时候，经常会引来路人的关注，甚至喂食，那么这种大叫行为就会变得越来越严重。

第二节　如何预防狗狗养成叫个不停的习惯

首先，如果您不喜欢太容易大叫的狗狗，那么在刚开始选择狗狗的时候，最好就挑选不太会大叫的品种，并且了解狗狗的父母是否容易大叫。

其次，要针对上述不同的情况，采取相应的措施。

（1）针对第一种情况（看门叫声）和第二种情况（警告叫声），应从小进行足够的社会化训练。

例如，为了预防第一种情况，可以做这样的训练：每当有快递员到来的时候，就给狗狗吃点零食，甚至请快递员帮忙给狗狗吃点零食；请朋友帮忙在门外按门铃或者敲门，门铃/敲门声响的时候，主人就给狗狗零食；还可以请人帮忙以各种脚步声经过家门口，请小孩子在门口尖叫，每次发出这类声音时，主人就在房间里给狗狗吃零食，或者跟它玩个游戏。总之，**要让狗狗从小就熟悉家门口可能会产生的各种声音，同时，在有这种声音时给它正面的反馈。**

为了预防第二种情况，则可以进行类似的训练，即让狗狗从小熟悉尽量多的刺激物，并且都让它获得至少是中性，最好是正面的反馈（参见第二篇第二章第一节"社交能力训练"）。

当然，我们不可能让狗狗在5个月大前接触到今后一生中可能会碰到的所有刺激物。但是如果从小进行足够多的训练，狗狗会变得很自信，将来即使遇到了以前没有接触过的声音或者事物，也不会因为害怕而叫个不停，而是会较快地适应。

（2）针对第三种情况（呼唤同类），操作如下。

犬类是群居动物，自从进入人类社会以来，大部分狗狗自幼就失去了和小伙伴一起生活的机会。因此，偶尔在家，和远方的朋友通过嚎叫来沟通一下，有益于狗狗的身心健康，也有助于快速消耗狗狗过剩的精力。所以我的建议是，在不过分干扰人类生活的前提下，给狗狗呼唤同类的自由吧！主人要做的是，对它的这种叫声不予理睬，更不要它一叫就立即开门让它出去找小伙伴。

如果主人觉得狗狗的这种叫声在当时影响了自己或者邻居，可以通过"止吠"的训练让它停止大叫。训练方法见第五篇第一章第十节"听令止吠"。

此外，公狗，尤其是一些大型犬，在发情期间会长时间地对着窗外嚎叫，那是求偶的叫声。这种情况等发情期过去或者做了去势手术后会自然好转。

（3）针对第四种情况（提要求），操作如下。

主人最好能主动关心狗狗，在它采取大叫的策略前就了解并满足它的需求。

例如，在狗狗安安静静地独自待了3~4个小时后，主人能主动地陪狗狗玩上5分钟，或者带它出去散个步；当狗狗的网球滚进柜子底下后，主人能在狗狗自己努力去够的时候，就帮它把球捡出来；等等。

在狗狗大叫时，不予理睬。等它安静下来再满足它的要求。

如果因为主人的疏忽，狗狗不得不采取了大叫的方式来提醒主人注意时，不要在它正在大叫的时候满足它的要求，可以先说"等一下"，然后不予理睬，在它停止大叫的瞬间，立即予以表扬，再满足它的要求。以后逐渐延长让它等的时间。这样既能让狗狗用大叫表达自己的需求，又能把主动权掌握在主人手里。

（4）针对第五种情况（百无聊赖），操作如下。

尽量避免让狗狗处于精力充沛而又百无聊赖的情况。

最好不要让狗狗连续4小时以上独自待在家里。如果必须要离开狗狗超过4小时，最好请人在中间带狗狗出去散个步，这样可以把长长的独处时间分割成较短的两段。在需要离开狗狗较长时间之前，带狗狗充分运动，消耗精力。主人离家后，狗狗在家里能有足够的玩具，有事可做。

避免把狗狗放在能看到户外景象的地方。

有的主人在需要长时间外出时，怕狗狗寂寞，喜欢把它放在阳台、窗台、院子等地方，希望它能通过看外面的风景来解闷。这样做的后果就是，寂寞无聊的狗狗看到过往的行人、车辆以及同类时，都会不停地大叫，企图引起他们的注意。而如果是在院子等能近距离看到外人的场所，胆小的狗狗还可能因害怕而发出更为强烈的警告叫声，以及追逐、扑咬等攻击动作。

第三节　如何纠正狗狗叫个不停的习惯

要纠正狗狗叫个不停的习惯，首先也是要根据不同的大叫类别，从根本上缓解狗狗大叫的行为。

（1）针对第一种情况（看门叫声），操作如下。

这种情况实质上是因为狗狗感到害怕。尤其是当门关着的时候，狗狗无法对外面的情况作出准确的判断，因此只要听到一点可疑的动静，就先把它当成"敌人"处理。要改善这种情况应从以下几个方面着手。

1）主人必须成为狗狗认可的首领（参见第三篇第三章"如何做狗狗眼中的首领"）。

2）及时制止。 当狗狗大叫时，主人要及时用惩罚口令"No"制止。

3）主人应保持镇静。

用惩罚口令及时制止之后，主人不要高声训斥，那样会让它更加激动。如果狗狗没有跑到主人跟前来报警，可以在制止后采取置之不理的态度，继续淡定地做自己的事情。狗狗见首领没有反应，知道没有危险，也就会很快安静下来。

4）让狗狗观察到门外的情况。

如果狗狗特别激动，连着几次跑到主人跟前来报警，然后又跑到门口的位置去警告"敌人"，主人可以走到门口，用腿部轻推狗狗，让它退后，同时示意它"别动"，开门并让它看一眼门外的情况，然后关上门，并用温柔的语调告诉狗狗"没事儿"。狗狗看到门外确实没有什么威胁，而且首领也已经亲自察看过，会很快放松下来。主人应等到狗狗安静下来后，进行表扬，然后再离开。

5）有针对性地进行脱敏训练。

如果狗狗每次听到一些常见的声音，例如快递员到门口，按门铃或者敲门声，楼道里邻居大声说话或者急速的脚步声等，都会激动地大叫，可以按照预防的方法针对这些声音进行脱敏训练。

小贴士 建议在进门的位置安装一个宠物安全门，这样既可以在开门时让狗狗观察到门外的情况，又能避免狗狗意外冲出门去。

（2）针对第二种情况（警告叫声），操作如下。

这种情况也是害怕引起的。要改善这种情况可以从以下几个方面着手。

1）最简单的方法就是"惹不起，躲得起"。

当主人发现狗狗已经发出表示害怕的初级警告——停住脚步，绷紧肌肉，注视来者，但是还没有开始大叫时，就赶紧牵着它朝远离对方的方向走。这个方法的好处是简单、见效快，缺点是不能加强狗狗的自信心，会让它越来越孤独。这个方法适合在刚开始训练时使用。

2）主人必须成为狗狗认可的首领。

3）主人必须在"险境"中保护狗狗。

注意，这个"险境"是以狗狗为标准的。因此，当主人发现狗狗已经发出表示害怕的初级警告时，应立即"出手赶走"来者。例如用语言请求对方主人把它的狗狗牵走。如果来狗没有牵绳，主人可以上前用身体挡在对方面前，逼退对方。

如果狗狗发现首领能不费吹灰之力就赶走"敌人"，不仅不会再发动大叫等攻击行为，而且还会对首领崇拜有加，主人的首领地位会因此而大大得到巩固的！

4）主人必须保持镇静。

当遇到可能让狗狗害怕的人或狗时，主人一定要保持镇定，不要做出猛拉牵引绳、突然疾速奔跑、高声尖叫，或者猛地一下把它抱到怀里之类的举动，因为这些动作都在向它传递着同一个信息："我们遇到可怕的敌人了！我很害怕！"狗狗接收到这个信息之后，就会迅速做出反应，向对方发出大叫等攻击性行为。

即使主人想采取"惹不起，躲得起"的方法，也应该故作镇静，让牵引绳保持松弛，用正常的步速牵着狗狗朝反方向走。

5）脱敏训练。

当主人发现狗狗已经发出表示害怕的初级警告时，应立即停止前进，或者稍微后退几步，让它和对方处于安全距离之下。然后让它坐下，温柔地跟它说话，给它吃点零食等。等狗狗放松之后，再让它略微靠近对方。注意，靠近的距离以狗狗不感到害怕为宜，不要强迫。要有足够的耐心，让它自己决定是否要靠近。

（3）针对第三种情况（呼唤同类），同上一节预防的方法。

（4）针对第四种情况（提要求），操作如下。

纠正的方法和预防的方法相同，重点都是：主人最好能在狗狗叫之前主动满足它的要求；狗狗用大叫来提要求时，不要理它。等停止大叫的瞬间立即表扬，并满足其要求。

要特别注意以下几点。

1）主人必须有足够的耐心和信心。

因为狗狗之前已有多次用大叫来满足要求的成功经验，所以刚开始主人不理它的时候，它会用程度更强、时间更长的大叫来引起主人的注意。这时一定要坚决实施"不看、不理、不满足"的"三不政策"。

2）及时奖励。

在狗狗叫累了，或者开始感到困惑的时候，它会暂停一下。这个间歇非常短，主人要善于抓住这个时机进行奖励。以后这个间歇就会逐渐变长，而叫声的持续时间则会逐渐变短，直至消失。

3）所有家庭成员在所有时间都要保持一致。

只要有一个人有一次在狗狗大叫的时候为图耳根清净满足了它的要求，下次它就会用更长久的大叫来提要求。

（5）针对第五种情况（百无聊赖），同上一节预防的方法。

第十四章

对来客不友好

　　有些狗狗似乎天生喜欢人类，无论熟识与否，它们对任何上门来的访客都热情友好，甚至热情过了头，见了人就扑上去拥抱亲吻。但更多的狗狗对于陌生的来客则抱有一种警惕的敌意，客人还没进屋，就开始对着他们狂吠，摆出一副攻击的姿态。要是遇到怕狗的客人，尤其是女客和孩子，高声尖叫着逃跑的话，狗狗还会一边大叫一边追赶，令主人尴尬不已。随着这种攻击行为的加剧，到家里来的客人也会越来越少。

第一节　狗狗为什么会攻击访客

　　家犬从祖先狼那里遗传了很强的领地意识，对于任何擅闯领地的陌生人，它们首先会假设对方是"敌人"，因此会通过大叫、扑咬等攻击行为进行警告、驱逐。

　　作为人类，当您想进入一个陌生人的家里时，需要遵守人类社会的礼仪：先敲门，等主人开门，看着对方的眼睛，做自我介绍，主人允许，说"请进"之后，才可以进去。否则，就有可能被主人骂出门去，说不定还会挨上一顿打。

　　犬类也有自己的礼仪。当一只陌生狗狗想要进入另一只狗狗的领地时，有礼貌的做法是先在距离领地稍远的地方站住，如果"主人"没有大叫，再慢慢地接近，并在领地边界的地方让"主人"闻自己的味道。如果"主人"检查后，没有做出驱逐的举动，而是离开了边界，表示：请进！这时候才可以进入对方的领地。

　　遗憾的是，人类文明和犬类文明使用的是完全不同的两套标准。一般当主人开门后，客人不会站在门口不动，而是会很快进入房间。这对狗狗来说已经是很不礼貌的行为了。更为"粗鲁"的是，有些客人为了表示友好，还会直视狗狗的眼睛，同时伸出手试图拍拍狗狗的头顶，这已经不是不礼貌，而是挑衅了！而有些客人因为本来就怕狗，所以会非常紧张地盯着狗狗看，生怕被狗狗咬一口。但是，这种紧张害怕的肢体语言以及体内迅速上升的肾上腺素，都会立即被敏感的狗狗捕获。因此，狗狗往往会迅速做出"来者不善"的判断，并果断开始对着来客大叫，希望尽快把"敌人"赶走。

可是，狗狗的大叫令主人很尴尬。于是，主人开始高声呵斥："不许叫！"主人激动的情绪不但没能让狗狗安静下来，反而让它觉得自己的判断没有错：连主人都开始"大叫"了呢！于是，狗狗叫得更凶了。

如果客人特别怕狗，尤其是女客和小朋友，这时候往往会高声尖叫甚至放声大哭，同时快速地在房间里乱跑。这些都会进一步地刺激到狗狗。它开始更加激烈地边大叫边追逐客人，甚至做出空咬的动作。尴尬万分的主人只好把不懂事的狗狗痛打一顿，并关进房间。这样，这一类特殊的客人就给狗狗留下了负面的印象。下次如果再遇到此类客人，狗狗很有可能一见面就会直接采取扑咬、追逐等更高级别的警告。

第二节　如何预防狗狗养成攻击客人的习惯

（1）让狗狗做出来者为"友"的判断。

虽说驱逐擅闯"领地"的"敌人"是狗狗的天性，但前提是它必须把来客认定为"敌人"。而我们可以通过从小对它进行足够的社会化训练（参见第二篇第二章第一节"社交能力训练"），来让它做出来者为"友"的判断。

在狗狗的社会化窗口关闭之前（4~5个月之前），尽可能多地请各种类别的人，包括男人、女人、老人、小孩等，到家里来做客，并请客人用手给狗狗喂食，抚摸狗狗，跟它游戏等。这样，狗狗长大后不仅会对上门的客人习以为常，还会很有好感，也就不会轻易把他们当成"敌人"处理了。

（2）培养正确的迎客礼仪。

每次有人敲门时，先用身体挡在狗狗前面，用肢体语言让它退后，并让它坐下别动，给一个"低级"零食奖励，然后由主人上前开门，等客人进门后，给狗狗"高级"零食奖励（最好由客人喂食），然后说"解散"（参见第五篇第一章第四节"坐下别动&解散"）。

也可以在离门稍远处放置一块小垫子，平时经常训练狗狗到垫子上坐下别动，当有人敲门时，就让狗狗到垫子上坐下别动，给一个"低级"零食奖励，等客人进门后再给"高级"零食奖励。

第三节　如何纠正狗狗攻击客人的习惯

对于已经有攻击行为的狗狗，除了要培养正确的迎客礼仪，还可以通过以下措施来让它做出来者为"友"的判断。

（1）主人应成为狗狗承认的"首领"。

参见第三篇第三章"如何做狗狗眼中的首领"。

（2）事先请求客人遵守犬类的"礼仪"。

在客人到来之前，预先告诉他们进门后应做到以下几点。

1）"三不政策"。

先站在门边不动，并保持放松的姿势和主人轻声聊天。（如果害怕被狗狗咬到，可以把手插在口袋里，或者环抱在胸前。）不要大声说话，尤其是不要突然提高声调，不要手舞足蹈，这些都容易让狗狗误以为有"敌情"。同时采取**不看、不理、不碰**狗狗的"三不政策"，即既不看狗狗，也不要和它说话，更不要去触碰它。

2）接受"检查"。

狗狗大叫一会儿后，会上前用鼻子嗅客人的脚。这时客人应保持不动接受"检查"。

3）正常进入。

等狗狗"检查"完毕，主动离开客人后，再用正常的步速进入房间。不要奔跑，也不要故意蹑手蹑脚，以免引起狗狗的怀疑。

如果主人觉得让客人站在门口接受狗狗的"检查"显得对客人不礼貌，也可以让客人先进门，但是要告诉他狗狗有可能会对他大叫，让他不要害怕，采取"三不政策"。狗狗就会很快安静下来。

（3）狗狗对客人大叫时，主人应及时制止并保持镇静。

当狗狗准备对客人大叫，或者刚开始大叫时，主人应迅速制止。可以用手做空杯状，用手指重重叩击狗狗的脖颈处，同时厉声说惩罚口令"No"。当狗狗安静下来后，立即奖励。最好由客人来"发放奖品"。同时主人应保持淡定，用平静的语气和客人聊天。当狗狗看到首领没有惊慌失措时，就会慢慢淡定下来，知道来者并非"敌人"。

（4）补习"社会化"训练。

请尽量多不怕狗的各种类别的朋友到家里来做客。来访的客人除了要遵守犬类的"礼仪"，还应在狗狗放松以后给它喂食，或者跟它游戏等，以便让它建立起"客人=好事"的"好的"条件反射。

　　如果狗狗已经出现了咬人的攻击行为，要请专业人士指导纠正，在咬人行为得到纠正之前，尽量通过系牵引绳、隔离等方法避免再次发生咬人行为，以免积习难改。

　　案例：

　　留下刚来的时候，有很长一段时间几乎没有接触过人类的小孩。直到有一次，朋友带着4岁的女儿来家里玩。没想到平时温顺的留下突然冲到小姑娘面前，对着她龇牙咧嘴地狂吠，把小姑娘吓得顿时大哭起来。我知道这样的哭声会更加刺激到留下，就让小姑娘快别哭了。可是她只顾自己号啕大哭，根本就不听我的。这让留下爸爸在朋友面前觉得很难为情，于是就大声呵斥留下，让它不要叫。但主人不淡定地高声责骂，只会让狗狗更加激动。于是家里狗叫声、孩子的哭声和留下爸爸的骂声交织在一起，场面相当混乱。

　　同样的情况后来又发生了几次。我们再也不敢邀请带小孩的朋友来家里玩。

　　虽然我知道该怎么做才能让留下跟人类的孩子和平相处，但问题是，通常小孩子一来，留下就开始叫，而留下一叫，小孩子就开始尖叫、大哭或者逃跑，然后爸爸又不得不打骂留下，这些都会让留下更加把小孩子视为"敌人"。

　　我6岁的外甥女娜塔丽的到来终于让我有机会教会留下如何跟人类的孩子交往。

　　娜塔丽因为放暑假要在我家住将近两个月。到我家之前，她就急切地问我应该怎么样对待留下。于是，我告诉她："跟狗狗相处，最重要的是要学会做它的首领。这是留下的家，你作为陌生人到它家里去，它会觉得自己是主人，所以，一开始，它很有可能会对你叫，但是绝对不会咬你。而你要做的是在它叫的时候，站住不要动。这样狗狗就会知道你不怕它，但是你也不会伤害它。叫上几分钟后，它自己就会觉得没趣，就不叫了。这时候，你做首领就成功了第一步。记住，千万不可以尖叫、大哭或者逃跑。那样会让狗狗更加兴奋，而且会认为你害怕它，然后叫得更凶，甚至追着咬你。然后，我会给你一点留下的零食，由你来发给它吃。如果狗狗发现你有分配食物的权利，就会认为你的地位比它高，你做首领就基本成功了。"

　　回到家后，留下注意到家里多了个陌生的小孩，果然按我预料的那样对娜塔丽狂叫起来。幸亏娜塔丽把我的话记得很牢，镇定地站在原地，既没有尖叫，也没有逃跑。大约过了两分钟，大概是觉得来者并不可怕，留下自觉地停止了叫声。一看时机到了，我赶紧让娜塔丽把早就准备好的"高级"零食递给留下。尝到了甜头之后，留下开始放松了，对娜塔丽的敌意明显减少，不但停止了大叫，还对她轻轻地摇起了尾巴，表示友好。为了趁热打铁，巩固娜塔丽的首领地位，我又开始给留下"上课"，但是每次做好动作之后的奖励全部让它到娜塔丽那里去领。再后来我又故意坐在计算机前不理它，让娜塔丽单独跟它玩它最爱玩的扔球游戏。到了吃饭的时候，我让娜塔丽假装从留下的碗里吃一口，再把她吃剩下的饭"赏赐"给它。

就这样，不到半天，留下就和娜塔丽成了好朋友。而且，在朝夕相处了九天之后，它成了娜塔丽最忠实的"跟屁虫"，娜塔丽到哪里，它就跟到哪里。

这以后，我们家里又来过一些小朋友，在娜塔丽的帮助下，都成功地度过了第一关，成了留下的好朋友。后来，留下不但不会攻击，而且喜欢所有看上去跟娜塔丽一样镇定、温柔的小朋友。

第十五章

追逐车辆

很多狗狗喜欢追逐车辆。本来正跟主人在路上散步，突然有车辆从身边经过，狗狗会用力挣脱主人，奋不顾身地向车辆追去，让主人胆战心惊。

第一节　狗狗为什么会喜欢追逐车辆

狗狗喜欢追逐车辆的原因有两大类。

第一类是出于猎食本能而产生的猎食行为。由于犬类的**猎食本能**，大部分狗狗天生对快速移动的物体具有浓厚兴趣。在它们看来，从身边急速驶过的车辆简直太像逃跑的猎物了，因此常常忍不住去追逐。长期被关在院子里，过于无聊的狗狗很容易去追逐经过院子的车辆，把这当成好玩的**打猎游戏**。

第二类是出于害怕而产生的攻击行为。有些狗狗追逐车辆则是**因为害怕**。由于曾被某种车辆惊吓甚至伤害过（通常是行驶中而非静止的车辆），之后再看到这种车辆驶过时，狗狗就有可能出于害怕而做出追逐车辆的**攻击行为**。

或许您有点疑惑：既然害怕，为什么不逃走，还要奋不顾身地去追咬呢？还记得我们在第三篇第二章第二节"首领肩负的责任"中所讲过的**首领的责任之一是在险境中保护下属**吗？如果狗狗**自认为是首领**，那么正因为它感到害怕，认为这个大家伙是很危险的，为了保护自己和下属，它还是会勇敢地采取大叫、扑咬、追逐等攻击行为去驱赶"敌人"。再加上通常在它采取了一系列攻击行为之后，"敌人"都会"落荒而逃"（因为无论如何车辆总会开走），这在狗狗看来，对方是被自己"赶跑"的。这样，狗狗的**攻击行为就会因为结果有效而得到加强**，以后它还是会优先采取攻击行为而不是逃跑来避免危险（**操作条件反射**）。

第二节　如何预防狗狗养成追逐车辆的习惯

（1）防止狗狗出于猎食本能而追逐车辆。

用游戏满足狗狗的猎食本能。

从小训练狗狗衔取（参见第五篇第一章第七节"衔取"），并且经常和它玩此类游戏，即主人把飞盘、网球等玩具扔到远处，让狗狗去追逐并衔回。这个游戏可以很好地满足狗狗追逐猎物的欲望，从而让狗狗不太会想到去追逐汽车这种危险的"猎物"。

不要让精力旺盛的狗狗长时间独自待在能看见车辆驶过的院子里。

独自长时间待在院子里的狗狗不但容易出于无聊而追逐经过的车辆，还非常容易养成有陌生人/狗经过就大叫的习惯。

（2）防止狗狗出于害怕而追逐车辆。

针对各种车辆，从小让狗狗进行社会化训练。

1）狗狗来到家里以后，主人就应该经常带它出门（在打完疫苗之前可以将它抱在怀里，不要让它下地，以免遭到病菌感染）看各种各样的车辆，包括自行车、助动车、摩托车、轿车、卡车、公交车等。除了看快速驶过的车辆，还应当看在附近突然发动的车辆。

2）可以先站在路边看往来车辆，同时用温柔的语气跟狗狗说话，并在车辆经过/突然发动时，不时地给它吃点零食。等它习惯之后，再带它过马路。过马路时，也应在有车辆经过时给它吃点零食。注意不要过分拉紧牵引绳，以免它感到紧张。

3）先到车流量小的路段，再到车流量大的路段。

养成出门系牵引绳的良好习惯，避免发生交通事故。

第三节　如何纠正狗狗追逐车辆的坏习惯

一、分析类型

对于已养成追逐车辆习惯的狗狗，先要分析其原因，搞清楚是哪种类型的原因。

首先了解历史。一般来说，如果狗狗**以前从未有过这种举动，在受到某种车辆惊吓或者伤害之后，才**

开始出现追逐的行为，那么多数属于第二类原因——因为害怕而产生的攻击行为。如果没有什么特别的情况，狗狗似乎**一直都有追逐车辆的现象**，则多数属于第一类原因——出于猎食本能而产生的猎食行为。

其次了解车辆类型。因为害怕而追逐车辆的狗狗一般只追逐曾伤害过自己的那一类车辆，而不会去追逐别的车辆。例如被助动车伤害过的狗狗，一般会追逐助动车以及和助动车类似的摩托车，而不会去追逐轿车、公交车等其他类型的车辆。而**因为猎食本能去追逐车辆的狗狗则对各种类型的车辆都有追逐的兴趣**。

最后观察动作。因害怕而追逐车辆的狗狗一般会采取先在原地快速转圈，同时高声大叫，然后扑咬、追逐等一系列**动静极大的威胁性攻击行为**，其目的是吓退敌人，而非真正攻击。而**因猎食本能追逐车辆**的狗狗通常会在车辆接近时**无声无息**地绷紧肌肉，然后在车辆经过的一瞬间**突然一个猛扑**，并在后面**全力追逐**，并不虚张声势地大叫，而是像追捕猎物一样。

二、如何纠正

（1）针对第一类原因（猎食本能）引发的追逐行为，操作如下。

训练要点：

1）避免刺激。

不要把狗狗长时间独自关在能看见车辆经过的院子里。

2）合理疏导。

培养狗狗玩衔取游戏，并经常跟它玩这个游戏。

3）消耗精力。

保证足够的外出时间和强度，以便让狗狗消耗过剩的精力（参见第三篇第五章第五节"燃烧过剩的精力"）。

4）脱敏训练。

给狗狗系上牵引绳，带它到以前经常会追逐车辆的地方看车。在狗狗发出注意来车的第一个信号（目光注视对方，肌肉绷紧）时，立即让它做一个简单的动作，例如坐下，然后奖励，以分散狗狗对车的注意力。但注意不要刻意用身体挡住它的视线。如条件允许，最好接着跟它玩一轮衔取游戏。如狗狗仍然试图去追车，则厉声发出惩罚口令"No"。如有必要，可以控制好力度，用脚尖踢一下狗狗脖子下方至胸口的部位，以加大惩罚力度。连续多次做这样的练习，直到它不再对来车做出反应。

（2）针对第二类原因（害怕）引发的追逐行为，操作如下。

训练要点：

1）明确首领。

主人应按照第三篇第三章"如何做狗狗眼中的首领"，尽快确立自己的首领地位。

2）保持镇静。

路上遇到让狗狗害怕的车辆时，主人要保持镇静。可以把牵引绳悄悄收短一点，以便在狗狗扑咬时能迅速控制住它。但是不要猛拉牵引绳，让绳子保持微微松弛的状态；不要大喊大叫；也不要为躲避来车而做出突然将狗狗抱起之类的传递紧张情绪的动作。

3）脱敏训练。

针对让狗狗害怕的车辆进行脱敏训练，带它到路边看车。在它发出注意来车的第一个信号（目光注视对方，肌肉绷紧）时，立即让它做一个简单的动作，例如坐下，然后奖励它，以分散它对车的注意力。但是，同样不要刻意用身体挡住它的视线，因为我们的目的是，让车辆出现成为好事即将开始的信号，从而逐渐淡化这种车辆让狗狗害怕的记忆。看车的时候，注意用温柔的语调和狗狗聊天，并轻柔地抚摸它（不要快节奏地抚摸，那样会让它紧张）。

4）奖惩结合。

虽然狗狗是出于害怕去追车的，但主人也必须及时制止狗狗的这个行为，让它知道这样的行为是不允许的。因此，如果狗狗试图去追车，主人应立即厉声发出惩罚口令"No"，并且控制好牵引绳，防止狗狗挣脱，同时利用腿部力量站在原地不动，让狗狗无法完成追车的动作。当狗狗停止追扑时，立即奖励。

这样可以让狗狗学习到：**追车的行为是不允许的，会受到惩罚；停止追扑时能得到奖励；更重要的是，停止追扑后，车子也会离开。**

连续多次做这样的练习，直到它不再对来车做出反应。

（3）其他攻击行为。

和追逐车辆类似的还有追逐陌生人、追逐陌生狗等攻击行为，大多都是狗狗小时候社会化不足或者受到过伤害，从而感到害怕引起的。主人可以参照预防及纠正因害怕而追逐车辆行为的方法来进行预防及纠正。要注意的是，如果狗狗的攻击行为程度较为严重，已经达到扑咬的地步，最好请专业人员纠正，以免发生伤害事件，或者因主人的纠正行为不当而加重狗狗的攻击倾向。

小贴士　当出现令狗狗感到害怕的车、人、狗等目标时，主人站在目标和狗狗之间，可以让狗狗有安全感，不要让狗狗直接面对目标。

案例：

我家留下以前就有追车的问题。别看它平时文文静静的，可是一旦有助动车、摩托车之类的车从它身边驶过，它就会像发了疯似的不顾一切地去追咬。它一边狂奔一边高声大叫的样子很吓人。我也非常担心开车的人会在惊慌之中撞到留下。因此，每次带它出去散步，小区里狭窄的道路上不时会窜出来的助动车成了我最大的心病。

考虑到留下只追逐摩托车和助动车，从来不追逐自行车和汽车，再结合它追逐时好像有着深仇大恨的样子，以及刚到我家时头上的伤疤，我猜测它极有可能在流浪的时候被助动车或者摩托车伤害过，需要通过心理辅导来纠正这种疯狂的行为。

但是，我一直没有想出合适的办法，直到有一天无意中看到美国著名训犬师西泽·米兰的《报告狗班长》中关于纠正一只长期追逐光影的狗狗行为的案例。西泽·米兰认为，那只狗狗之所以会一直追着光影狂叫，是因为它把光影当成了可怕的敌人，而且因为主人没有显示出首领的权威，所以狗狗只好自己充当首领，为了保护主人而不惜追逐光影。当西泽·米兰以首领的姿态带狗狗出去散步，并很镇静地走过光影时，狗狗奇迹般地放松了，竟然不再去追逐光影。我因此开始重新理解留下为什么会追逐助动车。

（1）流浪的时候被助动车所伤——助动车是可怕的敌人。

（2）主人看到助动车时拉紧牵引绳、表情紧张，甚至高声地尖叫——主人也觉得助动车是可怕的"敌人"且主人需要留下的保护。

（3）每次留下边叫边追赶，助动车就开走了——这是赶走"敌人"的好办法。

我意识到，只有先改变自己才能改变留下。

首先开始强调**用餐礼仪**。先自己假装尝一口，再给留下吃（首领先吃，下属后吃）。在它刚准备要吃饭的时候，我立即伸手盖住食物，同时厉声说"别动"（食物永远都属于首领），等它抬头等候我的指示时，再说"请"，这才允许它开始吃饭。

其次开始强调**出门顺序**。先让它在门槛内坐下别动，等我出门后再允许它出门。

最后就是在遇到助动车时**保持镇定**，体现首领应有的风范。

采取了这三个措施后，当我们再次和一辆助动车狭路相逢时，留下就有了令人惊讶的变化。以前每逢此时，我总是会十分紧张地收紧牵引绳，站住不动，等助动车快点过去，而留下则不管我把绳子收得多紧，照样又叫又蹦地企图去咬助动车。但这次，我虽然内心还是很紧张，却故作淡定，不去看助动车，直视前方，同时按照正常的步伐前进，手中的牵引绳也保持松弛状态。

见证奇迹的时刻到了：留下不但没有去追逐迎面而来的助动车，而且好像完全无视助动车的存在，安静地跟着我的步伐继续前行。为了证明这不是偶然，我连续几天刻意去小路上遇见助动车。结果都非常令人满意，似乎它从未把助动车当成过假想敌。看来，我们的留下已经彻底突破了心理障碍！

留下的心理活动估计是这样的。

（1）主人先吃饭，得到主人允许后留下才能吃饭——主人是首领。

（2）主人先出门，得到主人允许后留下才能出门——主人是首领。

（3）主人看到助动车一点都不紧张——首领不紧张，说明助动车并不可怕，而且首领会保护留下，所以用不着害怕，自然也用不着去追助动车了。

第五篇

技能训练与互动游戏

PART FIVE

在经过了素质教育和纠正坏习惯之后，我们拥有了一只听话的乖狗狗。从现在开始，我们可以教狗狗一些实用、有趣的技能，还可以和它们做一些互动游戏，让狗狗变得更加惹人喜爱，同时也有助于增进狗狗和主人之间的感情。

第一章

技能训练

第一节　训练准备

一、训练注意事项

（1）训练的时机。

最好是在狗狗比较饿的时候进行训练，这样零食的激励效果会更好。

（2）训练的场所。

狗狗就像小孩，注意力很容易被分散。因此，在训练新动作的时候应在室内不受外界干扰的地方。

（3）训练的长短。

狗狗无法长时间集中注意力，所以一次训练的时间一般不要超过10分钟，以训练结束时狗狗意犹未尽为宜。

（4）训练的原则。

训练时最重要的是要坚持**做对了才奖励**，以及**奖励要及时**的原则。千万不要被狗狗可怜巴巴的眼神打动，在它没有做对动作的时候就给它吃的，那样它就不知道什么是对、什么是错了。留下每次在学新动作的时候，都会先把它以前学过的一整套动作一个一个做一遍，企图蒙混过关。但是当我强忍住笑，不予奖励，继续坚持教它新动作后，它就会动脑筋，接着很快就学会新动作了。

（5）训练的方法。

同一个动作，训练的方法可以有很多种，可谓"条条大路通罗马"。只要掌握了训犬的原理，可以因材施教，不一定要拘泥于训练书上描述的方法。

（6）勤于复习。

狗狗虽然聪明，一个动作一般训练5分钟就能学会，但是学得快，忘得也快。如果不经常复习，很快就会忘记的。我认识一只名叫"宝宝"的古牧。它主人曾花6 000元送它去"上学"。在学校里老师教了4个动作，结果它回到家就只会3个了，过了几个星期连一个也不会了。其实，最应该去上学的不是狗狗，而是狗主人。主人要是不知道该怎么教育狗狗，花再多钱给狗狗去"上学"也没有用。

（7）变换顺序。

学习了两个以上的动作以后，要经常变换动作的顺序，否则狗狗会"猜测"您的要求，按照固定顺序做出动作，而不是真正理解您的指令。

（8）训练的普遍化。

狗狗善于观察周围环境细微变化的特点在训练中却成了一个障碍：在一种环境下学会的动作，到了一个新的环境有可能就不会了。例如在家里学会了坐下，不等于到了户外狗狗也能立即做出正确反应。因此，在狗狗学会任何动作之后，都应尽量到不同的环境下，由不同的人重新进行训练，这样才能保证狗狗在任何环境下，对于任何人的指令都能迅速做出正确反应。这就叫作训练的普遍化。当然，进行普遍化训练比学新动作要容易很多。

二、术语说明

在后面所有的训练中，可能出现以下术语。

- 表扬＝口头表扬＋抚摸＋欣喜的表情和语气。

- 奖励＝口头表扬＋各种初级奖励（包括食物、游戏、散步等各种狗狗希望得到的事物）。

- 指令＝手势和／或口令。

- 单元＝1节课（每次可以上1～2节课，每次上新课时，应先复习上一课的内容作为热身）。

- 所有手势／口令均可由主人任意创造，无须跟书中一模一样，但手势如能尽量和诱导动作相似，会有利于狗狗理解。

三、技能训练的方法

所有的技能训练我们都会采用以下方法进行。您在熟悉了这个方法之后，可以自己设计出新的动作来教狗狗。

（1）让狗狗做出期望的动作。

具体方法包括：**等待**狗狗**自然做出**该动作；用**食物等诱导**狗狗做出该动作；使用**外力强迫**狗狗做出该动作；让狗狗**模仿**主人做出该动作等。

（2）通过奖励强化该动作。

（3）添加手势及口令。

因为篇幅关系，在本书中只介绍素质教育和纠正坏习惯中需要用到的一些技能。

第二节 听懂自己的名字

狗狗能听懂自己的名字，是条件反射的结果。如果不加以训练，就会经常出现主人在叫狗狗名字的时候，狗狗完全没有反应或者主人叫了有反应，别人叫了没有反应的情况。

一、动作要求

主人叫狗狗的名字，狗狗能够看向主人。

二、训练要点

第一单元：动作诱导

（1）可以利用吃饭的时间进行训练，也可以找一个专门的时间用零食进行训练。

（2）主人手里拿一个装有食物的小碗（选择干一点的食物，例如狗粮、鸡肉丁等，便于用手喂食），坐在狗狗面前。

（3）主人叫一声狗狗的名字，在狗狗眼睛朝主人看的瞬间，说表扬口令，例如"乖宝宝"，然后拿一粒狗粮给它吃。如果狗狗没有看主人，就把小碗放到它鼻子前，吸引它的注意力，再慢慢把小碗移到主人的脸部，让狗狗的视线随着小碗落在主人脸上。

（4）重复（1）~（3）的步骤3~4次，直到主人一叫狗狗的名字，狗狗就立即抬头看主人。然后进入下一单元。

> **小贴士**　大部分狗狗在吃到一次食物之后，会一直盯着主人看。这个时候，我们要做的就是，叫一声名字，随即在狗狗看着主人的时候给它奖励。

第二单元：口令提示

（1）主人在手心里放上一点狗粮或者肉丁之类的食物，握拳放在身后，不要让狗狗察觉到。

（2）主人站在狗狗面前，叫它的名字。当狗狗抬头看主人的瞬间，说表扬口令"乖宝宝"，然后拿出一粒狗粮给它吃。如果狗狗没有抬头看主人，用拿食物的手诱导一下。

（3）重复（1）~（2）的步骤3~4次，直到主人一叫狗狗的名字，狗狗就立即抬头看主人。然后进入下一单元。

第三单元：增加难度

（1）主人手里准备好食物。

（2）随机叫狗狗的名字。例如狗狗在自己玩玩具的时候、狗狗不在主人面前的时候、散步途中等，当狗狗听到名字抬头看主人时，立即奖励。

（3）在后面所有的技能训练课程中，每次发口令之前都先叫狗狗的名字，等狗狗看主人后再发口令。

> **小贴士**　如果您希望有客人来的时候，或者在外面散步时遇到喜欢狗狗的陌生人时，狗狗对于他们的呼叫都会有同样的反应，就需要让不同的人来做同样的练习，即叫了狗狗的名字后就表扬"乖宝宝"，然后奖励。

第三节　坐下

坐下是基础的服从性训练项目。狗狗学会听指令坐下后，会比较容易进入安静以及听取主人指令的状态，从而可以对它做进一步的训练。

一、动作要求

主人发出"坐下"的指令，狗狗能够臀部着地，做出正坐的姿势。

二、训练要点

第一单元：动作诱导

（1）狗狗处于四脚着地的站立姿势。

（2）主人伸展手掌，掌心向下，将零食夹在拇指和手掌之间，让狗狗看到主人手中的食物，并引起它的兴趣。

（3）将夹着食物的手掌放到狗狗鼻子的下方，然后将手慢慢地抬高，向狗狗的头顶方向移动。确保狗狗在这个过程中一直在用眼睛和鼻子追踪食物。

（4）当狗狗为了追踪食物而仰头，将重心移至下半身，臀部自然着地，呈正坐姿势的一瞬间，停止移动手掌，并立即发出正确动作标记口令"对了"，然后将手中的食物奖励给狗狗。

（5）重复（1）～（4）的步骤3~4次，直到狗狗看到主人伸出的手掌就能迅速做出反应。然后进入下一单元。

> **小贴士**　（1）有的狗狗为了吃到食物，一开始不会做出坐下的姿势，而是会把嘴往前伸，企图抢到食物。这时主人一定要捏紧食物，不要让狗狗抢走。同时调整和狗狗的距离或者手掌放置的位置，然后重新开始，对狗狗做出的其他动作都不予理睬，直到出现坐下的动作为止。
>
> （2）如果狗狗不坐下，一直后退，也可以尝试让狗狗站在一堵墙前面训练，让它无法后退。

第二单元：手势提示

（1）狗狗处于四脚着地的站立姿势。

（2）主人弯曲手臂，伸展手掌，并拢五指，掌心向下，手中不放零食，从下往上抬起手掌，将手掌竖立放在狗狗鼻子前方的位置，作为"坐下"的手势。

（3）当狗狗坐下时，立即发出正确动作标记口令"对了"，然后用另一只手拿出食物奖励。如狗狗不坐下，可以用另一只手拿出零食，给它看一下，作为提示。

（4）重复（1）～（3）的步骤3~4次，直到狗狗看到"坐下"的手势就能立即做出反应。然后进入下一单元。

> **小贴士**　手势在训练中是非常重要的，因为狗狗其实听不懂人的语言，而是靠"察言观色"来理解主人对它的要求，所以手势可以帮助狗狗更快地理解主人的要求。同时，如果训练的时候一直坚持打手势和发口令，在一些特殊情况下，如果狗狗无法听见主人的口令，可以靠打手势来让狗狗执行命令。手势如果和诱导动作类似，有利于狗狗更快掌握。

第三单元：口令提示

（1）狗狗处于四脚着地的站立姿势。

（2）主人发出"坐下"的口令，1秒后用手势提示。

（3）等狗狗做出正确动作之后，立即发出正确动作标记口令"对了"，然后用食物奖励。

（4）重复（1）~（3）的步骤3~4次，每次延长口令和手势之间的间隔时间1秒左右，直到狗狗听到"坐下"的口令，不需要手势就能立即做出反应。然后进入下一单元。

第四单元：手势和口令交叉提示

在这一单元，我们要训练的是狗狗单独理解手势和口令的能力。主人应随机地单独使用手势或口令作为指令，直到狗狗无论是看到手势还是听到口令都能做出正确动作为止。

如果狗狗对单独发出的口令还有疑惑，可增加手势作为提示，然后再单独发口令。

第四节　坐下别动&解散

在狗狗学会坐下之后，就可以教它别动了。这是一项非常有用的服从性训练。例如在训练出门顺序的时候，需要先让它坐下别动，然后等待主人允许再出门；当训练待客礼仪时，也可以让它坐下别动，然后开门让客人进来。"解散"和"坐下别动"是一对相反的动作，放在一起训练有助于狗狗理解指令。

一、动作要求

狗狗根据口令坐下后，主人发出"别动"的指令，狗狗应保持坐下不动，直到主人发出允许动的口令"解散"。

二、训练要点

第一单元：动作诱导及手势提示

（1）主人站在距离狗狗2~3步的位置。

（2）让狗狗"坐下"。

（3）等狗狗坐下后，主人一边看着狗狗，一边慢慢后退。

（4）当它想要站起来时，主人立即伸直右手手臂，并竖起手掌，做出交警指挥中"停车"的手势，作为"别动"的手势，同时站到狗狗面前用身体挡住它不让它动。然后慢慢后退2~3步。注意，做"别动"手势的时候，表情要严肃，这样有助于狗狗理解。

（5）等狗狗保持坐下不动2~3秒后，迅速走到狗狗跟前，在其坐着的状态下给予零食奖励。

（6）如果狗狗提前站了起来，则重新下达"坐下"的指令，等它坐下后从头开始。

（7）放平手掌，掌心朝下，将手臂向下挥动，作为"解散"的手势。做"解散"手势时，表情要愉快，同时快速向前奔跑几步，吸引狗狗前来追赶。当狗狗跑到主人身边时给予"低级"零食奖励。

（8）重复（1）~（7）的步骤3~4次。直到狗狗看到"别动"的手势，不需要主人上前挡住，就能保持坐下不动。看到"解散"的手势，不需要主人快速奔跑，就能自己解除坐姿，回到主人身边。然后进入下一单元。

第二单元：口令提示

（1）让狗狗坐下。（主人距离狗狗2~3步远。）

（2）发出"别动"的口令，1秒后用手势提示。然后慢慢后退2~3步。

（3）等狗狗保持坐姿2~3秒后，迅速走到狗狗跟前，在其坐着的状态下给予零食奖励。

（4）下达"解散"的口令，1秒后用手势提示。

（5）重复（1）~（4）的步骤3~4次，每次延长口令和手势之间的间隔时间1秒左右。直到狗狗听到"别动"的口令，不需要主人做手势就能保持不动；听到"解散"的口令，不需要主人做手势就能自动解除坐姿。然后进入下一单元。

第三单元：手势和口令交叉提示

略。参见第五篇第一章第三节"坐下"。

小贴士　（1）等狗狗对于"别动"的口令熟悉了以后，再逐渐增大后退的距离，延长让狗狗等待的时间。

（2）在下达"坐下别动"的口令后，主人可以把狗狗拴在门口，让狗狗在门口等待，自己进入商店购物。注意要循序渐进，主人进入商店的时间由短变长。

第五节　过来

狗狗听到主人的指令来到主人身边，是一项基础的服从性训练项目，同时也是到户外松开绳子让狗狗自由活动后能够顺利召回的基础。

一、动作要求

狗狗听到主人呼唤能主动前来。

二、训练要点

第一单元：动作诱导

（1）用一个罐子装上一点狗粮或者肉干等零食，在狗狗面前晃动罐子，使其发出"沙沙"的响声，然后从罐子里拿出一粒狗粮给狗狗吃。重复3~4次。

（2）收起罐子，走到距离狗狗两三米处，拿出罐子摇一摇，发出声响，吸引它的注意力，同时**做出开心的表情，蹲下，张开手臂，作为"过来"的手势**。

（3）等狗狗来到跟前时，立即从罐子里拿出零食**奖励**。

（4）重复（2）~（3）的步骤3~4次，直到狗狗一听到罐子的声音，就能立即前来。然后进入下一单元。

第二单元：手势提示

（1）**不再摇罐子，而是直接做出"过来"的手势**，即用开心的表情蹲下并张开手臂（要在狗狗能够看到训练者时做手势）。如果狗狗没有反应，就在等待几秒后，摇一下罐子提示。

（2）等狗狗来到跟前时，立即奖励。

（3）重复（1）~（2）的步骤3~4次，直到狗狗一看见主人的手势，就能立即前来。然后进入下一单元。

第三单元：口令提示

（1）先叫狗狗的名字，引起它的注意，随后加上口令。例如"留下，过来"，停顿1~2秒后，再加上手势。

（2）等狗狗来到跟前时，立即奖励。

（3）重复（1）~（2）的步骤3~4次，每次逐渐延长口令和手势之间的停顿时间，直到狗狗听到口令，还没有看到手势时就已经开始做出反应。然后进入下一单元。

第四单元：手势和口令交叉提示

略。参见第五篇第一章第三节"坐下"。

> **小贴士**　除了用语言"过来"作为口令，还可以用口哨声作为"过来"的口令。用口哨声的好处是，狗狗在较远处也能听到，便于远距离召回。

第六节　咬住及松口

"咬住"和"松口"是一对相反的动作，放在一起训练有助于狗狗理解指令。学会了这一对指令有很多用处，例如可以用"咬住"来让狗狗帮主人拎菜篮子；用"松口"让狗狗放弃"到嘴的肥肉"，避免狗狗吃垃圾等。

一、动作要求

主人发出"咬"的口令，狗狗能咬住主人放到嘴边的玩具等物品；主人发出"吐"的口令，狗狗能松开咬在嘴里的物品。

二、训练要点

第一单元：动作诱导

（1）拿一个大小合适（能让狗狗轻松叼在嘴里）的绳结玩具，用一只手抓住玩具的一端，把玩具放到狗狗嘴边。通常狗狗会张嘴咬住玩具。

（2）狗狗咬住后，轻轻拉扯玩具，诱导狗狗向相反方向拉玩具，同时根据狗狗的力量慢慢加大拉力，形成拔河的状态，狗狗会非常喜欢这种状态。拔河游戏就是对它咬住玩具的奖励。和狗狗拔河的时候表情要开心、夸张。

（3）玩了几个回合之后，在手心放上零食，把手掌摊开放在狗狗嘴巴下方。通常狗狗看到零食，就会自动松口。

（4）在它松口的瞬间，移走玩具，并立即让它吃掉手心里的零食作为奖励。

（5）重复（1）~（4）的步骤3~4次，直到狗狗看到主人放到嘴边的玩具就能迅速张嘴咬住，看到主人摊开的手掌就能迅速吐出口中的玩具。然后进入下一单元。

第二单元：手势提示

（1）变换玩具的种类，放到狗狗嘴边，作为"咬"的手势。

（2）等狗狗咬住玩具后和它玩上一会儿拔河游戏作为奖励。

（3）去掉零食，把手掌摊开放在狗狗嘴巴下方，作为"吐"的手势。

（4）在它松口的瞬间，移走玩具，并立即用零食奖励。

（5）重复（1）~（4）的步骤3~4次，直到狗狗看到主人放到嘴边的任何玩具都能迅速张嘴咬住，看到主人摊开的手掌就能迅速吐出口中的玩具。然后进入下一单元。

第三单元：口令提示

（1）一只手拿着绳结玩具放在离狗狗稍远处，先下达口令"咬"，间隔1秒后，把玩具放到狗狗嘴边。

（2）等狗狗咬住玩具后和它玩上一会儿拔河游戏作为奖励。

（3）下达口令"吐"，间隔1秒后做出"吐"的手势。

（4）在它松口的瞬间，移走玩具，并立即用零食奖励。

（5）重复（1）~（4）的步骤3~4次，每次逐渐延长口令和手势提示之间的间隔。直到狗狗听到"咬"的口令，不等主人把玩具送到嘴边就能迅速张嘴咬住面前的玩具；听到"吐"的口令，不等主人摊开手掌就能迅速张嘴吐出口中的玩具。然后进入下一单元。

第四单元：手势和口令交叉提示

略。参见第五篇第一章第三节"坐下"。

第七节 衔取

本项目针对那些天生就喜欢捡球，但未经训练不愿意把球交还给主人的狗狗。对于那些出于种种原因而不喜欢捡球的狗狗，需要先进行捡球的训练。

一、动作要求

主人把球扔到远处，狗狗捡到球后能够根据指令回到主人身边，并把球吐在主人手中。

二、训练要点

第一单元：动作诱导

（1）主人先拿着球在狗狗面前晃动，以吸引其注意力。当它被球吸引，并且目光注视主人时，再开始扔球。

（2）把球扔到远处。刚开始训练时距离不要太远，以狗狗乐意跑过去捡球，又能把球叼着回来为宜。距离太远，狗狗容易在中途把球吐掉，空着嘴跑回来。

（3）等狗狗跑出去捡到球后，发出"过来"的口令，同时蹲下身体，并伸出一只手掌。

（4）当狗狗叼着球跑回来时，把手掌摊开放在狗狗的嘴巴下方，同时下达"吐"的口令（刚开始可以用另一只手拿着零食放在狗狗鼻子眼前诱导）。

（5）当狗狗为了吃到食物而自然张嘴，使球掉落在手掌心时，立即发出正确动作标记口令"对了"，然后奖励。（如果狗狗中途就把球扔掉了，说明距离太远，应该将球扔得近一些。）

（6）重复（1）~（5）的步骤3~4次，直到狗狗看到主人伸出的手掌时就能迅速做出反应。然后进入下一单元。

第二单元：手势提示

（1）把球扔到远处。（注意先吸引其注意，然后再扔。）

（2）当狗狗跑出去捡到球后，主人蹲下身体，伸出一只手掌，作为"给我"的手势。（这时一般不用再发"过来"的指令，狗狗会自动跑向主人。）

（3）当狗狗叼着球回来时，不要向它展示食物，等待狗狗张嘴让球掉落，然后立即发出正确动作标记口令"对了"，随即奖励。（如狗狗不肯张嘴，应等待片刻；如仍不松口，则需要用食物诱导一下。）

（4）重复（1）~（3）的步骤3~4次，直到狗狗看到"给我"的手势就能立即做出反应。

第三单元：口令提示

（1）主人把球扔到远处。

（2）当狗狗跑出去捡到球后，主人发出"给我"的口令，1秒后蹲下身体，伸出一只手掌，用"给我"的手势进行提示。

（3）当狗狗叼着球回来后，等待狗狗张嘴让球掉落，同时立即发出正确动作标记口令"对了"，然后奖励。

（4）重复（1）~（3）的步骤3~4次，每次逐渐延长"给我"的口令和手势之间的间隔时间，直到狗狗听到"给我"的口令就能立即做出反应。

第四单元：手势和口令交叉提示

略。参见第五篇第一章第三节"坐下"。

小贴士　等狗狗对"给我"的指令熟悉之后，可以将球换成其他的物品进行训练，例如它的各种玩具。还可以利用这个指令训练狗狗把拖鞋拿给主人。

案例：

和许多狗狗一样，留下天生就会捡球，而且乐此不疲。

第一个球是它自己在网球场边上捡到的。从来没有玩过网球的它，居然像捡到宝贝一样，把网球叼在嘴里不肯放。我试着把网球扔到远处，它立刻像支离弦的箭一样，把自己"射"了出去，然后飞快地叼起网球向我跑来。我以为它要把网球给我，就开心地伸出手等着。没想到，留下居然对我视而不见，绕到我身后，把网球吐在地上，然后趴下来捧着它的宝贝网球自顾自地玩了起来。

看了《狗狗心事》之后，我才明白，原来在留下的眼里，这个网球是它自己捡来的，是它的"猎物"，凭什么要把自己的猎物拱手让给别人呢？这其实跟它捡垃圾是一个道理。了解了这一点，就好训练了。要用好吃的跟它"交换"。

把网球扔出去后，我就蹲在地上，一只手拿着鸡肉条，一只手伸出去放到它嘴边。叼着网球回来的留下，看到了鸡肉条，赶紧把网球吐在地上，想要好吃的。这当然已经有进步了，至少它没有对我绕道而行。但我的要求是把网球放在我手上。训练的原则之一是，没有做对动作就不能奖励，不然就等于鼓励它做错误的动作。于是，我狠下心，没有给它吃，然后把网球捡起来，放在手上，然后再扔出去。

反复几次后，对鸡肉条的渴望终于让留下开了窍，把网球吐在了我手上。于是我赶紧表扬，然后趁热打铁，又复习了几遍，每一遍它都能做得熟练而标准。

我觉得训狗最大的乐趣就在狗狗突然开窍的那一刹那，那是对我前面所有的辛苦和耐心最大的回报！

第八节　跳上沙发&跳下沙发

"跳到高处"和"下去"是一对相反的动作，放在一起训练有助于狗狗更好地理解"下去"的含义，从而在主人需要时可以很方便地命令狗狗从沙发或者床上跳下去。

一、动作要求

主人发出"跳"的指令，狗狗能够跳上指定的高处。主人发出"下去"的指令，狗狗能够从所在的高处跳下去。

二、训练要点

第一单元：动作诱导

（1）主人坐在沙发上，先叫狗狗的名字，引起它注意后，伸出一只手，食指伸直，其余手指握拳，用伸直的食指轻拍沙发，诱导它跳上沙发。（注意：如果狗狗不跳，可以同时用另一只手拿着食物放在沙发上引诱。）

（2）在狗狗跳上沙发的瞬间，立即发出正确动作标记口令"对了"，然后进行"普通"奖励。

（3）将食指指向地面，然后主人自己离开沙发，一般狗狗会跟着跳下来。（注意：如果狗狗不跳，可以退后几步，并用伸直的食指轻拍地面，或者再用另一只手拿着食物放在地上引诱。）

（4）在狗狗跳下沙发的瞬间，立即发出正确动作标记口令"对了"，然后进行"高级"奖励。

（5）重复（1）~（4）的步骤3~4次，直到狗狗看到主人伸出手就能迅速做出反应。然后进入下一单元。

第二单元：手势提示

（1）主人站在沙发旁边，伸出一只手，在距离沙发较近处用食指指向沙发，其余手指握拳，作为"跳"的手势。

（2）在狗狗跳上沙发的瞬间，立即发出正确动作标记口令"对了"，然后进行"普通"奖励。

（3）主人将食指指向地面，作为"下去"的手势。

（4）在狗狗跳下沙发的瞬间，立即发出正确动作标记口令"对了"，然后进行"高级"奖励。

（5）重复（1）～（4）的步骤3~4次，每次逐渐加大主人和沙发的距离，直到狗狗看到"跳""下去"的手势就能立即做出反应。然后进入下一单元。

第三单元：口令提示

（1）主人在沙发边上发出"跳"的口令，1秒后用手势提示。

（2）在狗狗跳上沙发的瞬间，立即发出正确动作标记口令"对了"，然后进行"普通"奖励。

（3）狗狗跳上沙发之后，主人发出"下去"的口令，1秒后用手势提示。

（4）在狗狗跳下沙发的瞬间，立即发出正确动作标记口令"对了"，然后进行"高级"奖励。

（5）重复（1）～（4）的步骤3~4次，每次延长口令和手势之间的间隔时间1秒左右，直到狗狗听到"跳""下去"的口令就能立即做出反应。

（6）发出"跳"或者"下去"的口令，不用手势，等待狗狗反应。等狗狗做出正确反应之后，立即发出正确动作标记口令"对了"，然后进行奖励，重复3~4次进行巩固。然后进入下一单元。

第四单元：手势和口令交叉提示

略。参见第五篇第一章第三节"坐下"。

小贴士　（1）等狗狗熟练掌握跳上沙发和跳下沙发的口令及手势后，再进行同样的训练，每次狗狗跳上沙发只给予口头奖励，而随后跳下沙发时则给予"高级"奖励。这样有助于纠正狗狗未经允许就主动跳上沙发不肯下来的坏习惯。

（2）如果您家狗狗还没有养成跳沙发的习惯，而您也不希望它跳上沙发，可以将跳沙发的训练改成跳上其他您允许的高处，例如椅子上。

（3）训练完跳沙发之后，可以在其他不同的地方，例如户外的长椅等处做同样的训练，这样可以将跳的动作普遍化到任何您指示的高处。

（4）要根据狗狗的体形选择跳的高度，同时地面上应有防滑减震的设施，例如铺设地毯或者瑜伽垫等，防止狗狗受伤。

第九节　听令大叫

"叫"和"别叫"是一对相反的口令，狗狗先学会了听令大叫，才能理解"别叫"的含义，从而在需要的时候，可以根据主人的指令立即停止大叫。

一、动作要求

主人发出"叫"的指令，狗狗能够随之发出"汪汪"的叫声。

二、训练要点

第一单元：动作诱导

（1）让狗狗坐下。

（2）主人用一只手模拟嘴巴开合的样子，做出一张一合的动作，作为"叫"的手势，同时对着狗狗发出间歇性的短促叫声："汪，汪，汪"每一声之间间隔2秒左右。每次叫的时候手打开，暂停的时候手闭拢。直到狗狗随着主人的叫声也发出短促的叫声。此时立即发出正确动作标记口令"对了"，然后进行奖励。

（3）重复（2）的步骤3~4次，直到狗狗看到主人打的手势就能迅速做出反应。然后进入下一单元。

第二单元：手势提示

（1）主人连续做出"叫"的手势，等待狗狗反应。

（2）当狗狗随手势连续2次发出叫声时，立即发出正确动作标记口令"对了"，然后进行奖励。（如果狗狗不叫，可以在等待几秒后，由主人再发出叫声诱导。）

（3）重复（1）~（2）的步骤3~4次，每次逐渐增加狗狗随手势大叫的次数，直到狗狗看到"叫"的手势就能立即做出反应，而且能随着手势一直叫。然后进入下一单元。

第三单元：口令提示

（1）主人用激动的语调连续发出"叫"的口令（即"叫，叫，叫"，声音短促，有间歇，类似前面"汪，汪，汪"的叫声），每个"叫"字之间间隔2秒左右。延后1秒随着口令再加上手势提示。

（2）当狗狗随口令连续2次发出叫声时，立即发出正确动作标记口令"对了"，然后进行奖励。

（3）重复（1）~（2）的步骤3~4次，直到狗狗听到"叫"的口令就能立即做出反应，而且能随着口令一直叫。

（4）单独发出"叫"的口令，不用手势，等待狗狗反应。等狗狗做出正确反应之后，立即发出正确动作标记口令"对了"，然后进行奖励，重复3~4次进行巩固。然后进入下一单元。

第四单元：手势和口令交叉提示

略。参见第五篇第一章第三节"坐下"。

第十节　听令止吠

一、动作要求

当狗狗在大叫的时候，主人发出"别叫"的指令，狗狗能够立即停止大叫。

二、训练要点

第一单元：动作诱导

（1）让狗狗坐下。

（2）主人连续发出"叫"的指令，在狗狗跟着叫了三四声之后，突然终止发出指令，用右手拿着一块零食让狗狗看见，并竖起食指放在自己的嘴唇前面，引导它停止大叫。一般狗狗会立刻停止大叫。

在狗狗停止大叫的瞬间立即发出正确动作标记口令"对了"，然后进行奖励。（如果狗狗不停止大叫，可以把拿着零食的手移到狗狗鼻子前，让它闻到零食的气味，然后迅速放回到自己的嘴唇前面。）

（3）重复（2）的步骤3~4次，每次随机变化让狗狗"叫"的次数，并延长终止发出"叫"的指令和展示零食之间的时间间隔，直到主人停止发出"叫"的指令，还没有展示零食的时候，狗狗就能立即停止大叫。然后进入下一单元。

第二单元：手势提示

（1）主人连续发出"叫"的指令，在狗狗跟着叫了三四声之后，突然终止发出指令，并竖起右手食指放在嘴唇前面，作为"别叫"的手势，手里不要拿零食，取消食物诱导。

（2）当狗狗停止大叫时，立即发出正确动作标记口令"对了"，然后进行奖励。

（3）重复（1）~（2）的步骤3~4次，每次随机变化让狗狗"叫"的次数，直到狗狗看到"别叫"的手势就能立即停止大叫。然后进入下一单元。

第三单元：口令提示

（1）主人连续发出"叫"的指令，在狗狗跟着叫了三四声之后，突然终止发出指令，发出轻而长的"嘘"声，作为"别叫"的口令，1秒后竖起右手食指放在嘴唇前面，做出"别叫"的手势。

（2）当狗狗停止大叫时，立即发出正确动作标记口令"对了"，然后进行奖励。

（3）重复（1）~（2）的步骤3~4次，每次随机变化让狗狗"叫"的次数，以及"别叫"的口令和手势之间的时间间隔，直到狗狗听到"别叫"的口令就能立即停止大叫。然后进入下一单元。

第四单元：实战训练

在狗狗能够熟练完成上述听令止吠的专项训练之后，就可以开始进行实战训练。当狗狗在家因为各种外界刺激而叫个不停的时候，主人可以对它下达"别叫"的指令（注意随机使用口令和手势），在它停止大叫后立即进行奖励。

小贴士 （1）刚开始实战训练时发出指令的时机：应在狗狗刚开始大叫的几秒内发出"别叫"的指令，并且是在狗狗不是特别激动的时候。

（2）主人下达"别叫"指令时与狗狗的距离：主人应该走到狗狗身边下达指令，而不要在远处下达指令，可以逐渐增加距离。

第十一节 认识家人

认识家人属于高级训练项目。狗狗掌握了这个项目之后，能够给家里带来更多的欢乐。

一、动作要求

让狗狗知道每一位家人的称呼。当一位主人要求狗狗"去某某那里"，狗狗能够按要求跑到指定的主人跟前，哪怕那位主人当时在其他房间里。

二、训练要点

第一单元：动作诱导&口令提示

（1）两位家庭成员，例如爸爸和妈妈，在同一房间相隔两三米。其中一人，例如爸爸，和狗狗在一起。

（2）爸爸对狗狗说："去妈妈那里！"说完妈妈立刻下达"过来"的指令。

（3）当狗狗跑到妈妈跟前时，妈妈立即进行奖励。

（4）妈妈对狗狗说："去爸爸那里！"说完爸爸立刻下达"过来"的指令。

（5）重复（1）~（4）的步骤3~4次，每次逐渐延长"去某某那里"和"过来"的口令之间的时间间隔，直到狗狗听到"去某某那里"的口令，不等对方说"过来"就能立即做出反应。然后进入下一单元。

第二单元：提高练习

（1）分房间训练。

已经参与过训练的两位家庭成员（例如爸爸和妈妈）分别待在不同的房间，其中一人，例如爸爸，和狗狗在一起。然后进行和第一单元相同的训练。

（2）多人训练。

增加1~2名家庭成员，例如外公、外婆。从第一单元的训练开始，直到本单元的"分房间训练"。

（3）陌生人训练。

家里来客人时，可以给狗狗介绍一下客人的称呼，例如"姐姐"，并让客人给狗狗喂一个零食。然后主人和客人分散在房间的不同地方，进行第一单元的练习。

小贴士　当狗狗熟悉了这个训练之后，还可以训练它"送鸡毛信"：让它用嘴叼着一张纸条，或者任何其他小物件送到指定家庭成员手里。

案例：

这个项目的开设很偶然，却很实用。

当时我们家的常住人口结构简单，就是留下、妈妈和爸爸。爸爸身材魁梧，而且从来都不主动搭理留下。这在留下看来，反而很有首领的风范。善于察言观色的留下，虽然是妈妈的跟屁虫，但是只要爸爸一叫它，就会立即夹起尾巴，磨磨蹭蹭、战战兢兢地前去"领命"。当然，如果爸爸一反常态，没有把它叫去训斥一顿，而是摸摸它的小脑袋，表扬一声"乖"，就会让它乐得在房间里来回乱窜，一副高兴得不知如何是好的样子。

有一天我心血来潮，想教它认识"爸爸""妈妈"。于是就跟留下说"去爸爸那里"，然后让在另外一个房间的爸爸叫一声"留下，过来"。一听首领召唤，留下不敢怠慢，赶紧前去。按照我的吩咐，爸爸这次很温柔地表扬了它，还赏了它点吃的，然后叫它"去妈妈那里"。我立即配合地唤了一声"留下，过来"。受宠若惊的留下兴高采烈地跑来了。我当然也及时奖励了它，然后再吩咐它"去爸爸那里"。如此反复了几次，聪明的留下就已经明白了这个训练的要求，而且非常喜欢。后面几次，我们就已经不需要再叫它的名字了，只要跟它说"去爸爸那里"或者"去妈妈那里"，它就会飞快地跑去"领奖"。

从此以后,如果我在做家务时嫌留下在身边碍手碍脚的，就会让它"去爸爸那里"。

再后来，我还训练它"送鸡毛信"，给它一张小纸条，让它"去爸爸那里"，爸爸收到纸条后就给它奖励，再让它把纸条送还给我。当爸爸上厕所没有卫生纸的时候，我会用保鲜袋装好卫生纸让留下送去，它也总是能出色地完成任务。

第十二节　搜索

我们经常在电影、电视上看到警犬闻一闻罪犯留下的衣物，就能千里追踪，找到藏匿的罪犯。家养的狗狗虽然一般做不到跟警犬一样，但经过训练，也能胜任一些简单的搜索工作。而且一旦狗狗掌握了搜索的指令，主人可以变化出非常多的互动游戏，让狗狗的生活变得丰富多彩。

一、动作要求

主人下达"搜索"指令，狗狗能够利用嗅觉找到相应的人或物品，并用大叫通知主人。

二、训练要点

1. 第一部分：找人

第一单元：了解游戏规则

（1）天黑以后，关闭一个房间（以下称"黑屋"）的灯。然后一个人（例如爸爸）让狗狗在黑屋门口坐下，同时控制住它（可以利用"坐下别动"的口令），让它别动。另一个人（例如妈妈）当着狗狗的面进入黑屋，关上房门躲好。刚开始选择的藏身处应该简单一点，例如门背后。

（2）妈妈躲好后，爸爸开门，但仍然控制住狗狗，然后用激动的语调问狗狗："妈妈呢？"接着下达搜索的口令"搜"，同时松开狗狗。

（3）一般狗狗会开始在黑屋里寻找妈妈。刚开始，它会毫无头绪地在黑屋里到处乱跑，甚至经过妈妈身边的时候也会视而不见。在狗狗找了一会儿之后停下来，露出要放弃的样子或者准备离开黑屋时，妈妈可以发出一点声音，诱导狗狗找到自己。

（4）等狗狗找到妈妈时，发出"叫"的口令，在狗狗叫了1~2声之后，立即进行奖励。

（5）重复（1）~（4）的步骤3~4次，注意每次变化藏身的地方，直到狗狗听到"搜"的口令就能有意识地去寻找，并且在找到的时候能够发出短促的叫声。然后进入下一单元。

第二单元：学会使用嗅觉搜索

（1）跟第一单元相同，爸爸先控制住狗狗，妈妈进入黑屋躲好，注意要躲在一个之前没有躲过的地方，否则狗狗会直接凭记忆到之前的地方去找妈妈。

（2）开门后，爸爸用激动的语调问狗狗："妈妈呢？"然后发出"搜"的口令，并松开狗狗。

（3）妈妈在藏身处屏住呼吸，不要发出任何声音。现在狗狗应该已经明白自己的任务是要找妈妈。但刚开始它会去刚才妈妈躲过的地方找。主人需耐心等待。如果在那些地方没有找到，同时既听不见，也看不见妈妈，狗狗就会开始抽动鼻子，利用嗅觉来寻找妈妈。当您看到狗狗第一次开始抽动着鼻子使用它的灵敏嗅觉时，一定会觉得那是非常令人惊喜的一幕。

（4）等狗狗利用嗅觉找到妈妈之后，妈妈先等待2秒左右，如果狗狗没有大叫，则用"叫"的口令提示它大叫之后，再进行奖励。

（5）重复（1）~（4）的步骤3~4次，每次逐渐增加寻找的难度，主人躲到一些让狗狗意想不到的地方，例如窗帘后面、被子底下、大衣柜里等，直到狗狗一开始搜索就能使用嗅觉。

第三单元：找人的普遍化

（1）找家人。

等狗狗能熟练地利用嗅觉找到妈妈之后，经常变换被找的人，直到狗狗能够同样熟练地找到任何狗狗熟悉的家庭成员。

（2）找陌生人。

家里来客时，可以让狗狗先闻一下带有客人气味的物品，如鞋子、袜子等，然后让客人躲好，再让它去搜索。这个游戏特别受小朋友的喜爱。

（3）变换场地。

当狗狗可以在家里熟练地用嗅觉找家人之后，可以带它到户外去训练。要注意躲藏的地方也应从易至难，从近至远，逐步增加难度。

2.第二部分：找东西

第一单元：了解游戏规则

（1）一个人（例如爸爸）让狗狗在房间门口坐下，同时控制住狗狗。另一个人（例如妈妈）拿出一个狗狗喜欢的玩具，例如网球，放到狗狗鼻子前面让它闻一下，然后当着狗狗的面进入房间，关上房门，藏好网球。刚开始选择的藏匿处应该简单一点，例如门背后。（如果只有一个人，可以让狗狗在门口坐下别动，给它闻一下球之后，进入房间，关上房门，藏好球，然后再开门让它进去。）

（2）妈妈藏好球后打开门，爸爸仍控制住狗狗，然后用激动的语调问它："球球呢？"接着下达搜索的口令"搜"，同时松开狗狗。

（3）一般开始时狗狗会在房间里乱跑。如果狗狗已经明显表现出是在找球，主人要给它充分的时间，耐心等待。如果狗狗只是在房间内外乱跑，不知道要找什么，主人可以将狗狗带到球附近，引导它找到球。

（4）等狗狗找到球后，主人拿起球，发出"叫"的口令，在狗狗叫了1~2声之后，立即用零食奖励，同时把球给狗狗。如果狗狗喜欢玩捡球的游戏，就用球和它玩个游戏。

（5）重复（1）~（4）的步骤3~4次，注意每次变化藏球的地方，直到狗狗听到"搜"的口令就能有意识地去找球，并且在找到的时候能够发出短促的叫声。然后进入下一单元。

第二单元：学会使用嗅觉搜索

（1）跟第一单元相同，爸爸先控制住狗狗，妈妈进入房间藏球。注意要把球藏在一个之前没有藏过的地方。

（2）等妈妈打开房门，爸爸先激动地问："球球呢？"然后发出"搜"的口令，并松开狗狗。

（3）现在狗狗应该已经明白自己的任务是找到网球。但是刚开始它会去刚才找到过球的地方找。主人需耐心等待。如果在那些地方没有找到球，狗狗会开始抽动鼻子，利用嗅觉来寻找球。

（4）等狗狗利用嗅觉找到球之后，主人拿起球，先等待2秒左右，如果狗狗没有大叫，则用"叫"的口令提示它大叫之后，再进行奖励。

（5）重复（1）~（4）的步骤3~4次，每次增加寻找的难度，把球藏到一些让狗狗意想不到的地方，直到狗狗一开始搜索就能使用嗅觉，并且每次找到的时候都能发出叫声。

小贴士　为了促使狗狗在找到球的时候先大叫，而不是直接叼起球，可以把球藏到一些狗狗自己拿不到的地方，例如纸盒内。

第三单元：搜索物品的普遍化

等狗狗熟练之后，经常变化搜索的目标及藏匿地点。

案例：

刚开始训练留下在家里"找妈妈"时，我把房间的灯关闭，躲在门背后，让它来找我。结果它很激动地在房间里冲进冲出，好几次经过我身边，却一点反应也没有。狗狗对近距离的物体视力较差，尤其是在没有光线的黑暗处。所以在黑灯瞎火的房间里，它就算从我身边经过，也看不见很近的我。这时候，它只能凭听觉和嗅觉来找妈妈。

但刚开始，它似乎根本就没有用嗅觉，只是凭听觉和记忆。它找的地方都是我平时经常会在的地方，虽然多次经过房门，却一点也没有往门背后找的意思。然而，只要我发出一丁点的声音，它就能立刻准确地找到我。这也再次证明了，狗狗的听觉是很灵敏的，平时如果叫它回家它没有反应，那纯粹是在"装聋作哑"。

后来，我忍住笑，不发出一点声音。找了几次未果之后，它开始安静下来，似乎是在思索该怎么办。然后，它终于开始用力地抽动鼻子，到处闻我的气味。大约5分钟后，它终于找到了躲在门背后的我。

有一次，我们带留下到农家乐玩。到了吃饭的地方，我让爸爸管好留下，自己到另一幢房子的卫生间去上厕所。没过多久，我听到厕所外面有狗抓门的声音，门一开，居然是留下！回去一问，爸爸正忙着聊天，根本没有注意留下不见了。原来这次是它凭着自己的鼻子，找到了在另一幢房子里的我。

我们还训练它找球。自从学会用鼻子找东西之后，找球对它来说已经变得越来越简单。我曾经把球藏在门背后、被子下、窗台上、甚至纸盒中，它都能轻松找到。

有一次冉冉来玩，我们准备出去遛留下。我换好鞋子，发现忘记带网球，就让还在屋里的冉冉找一下。冉冉说："不如让留下找吧，肯定比我找得快。"我一想也是，于是跟留下说："留下，球球呢？"果然，几秒的工夫，留下就从沙发底下找了个球出来，出色地完成了任务！

第二章

互动游戏

在狼从野外进入人类社会的若干年之前，它们需要花大量的时间和精力去狩猎。而在维多利亚时代之前，有一部分狼已经进化成了犬，并且开始和人类相伴而居，但它们仍然担负着诸如牧羊、打猎等需要消耗大量体力的工作。因此，现在我们家养的狗狗虽然过着"饭来张口，衣来伸手"的优越生活，它们的身体里却仍然有着猎食的基因，它们精力旺盛，需要发泄。

下面这些游戏是模拟狗狗的猎食行为而设计的，通过主人和狗狗的互动，既能快速消耗它们过剩的精力，满足它们猎食本能的需求，又能增进狗狗和主人的感情，还能强化它们对主人的服从性。

要注意的是，**所有的游戏都必须从主人邀请狗狗开始，并且由主人决定什么时候结束。**在游戏的过程中，主人可以经常中断游戏，要求狗狗"休息"，等狗狗平静下来后再恢复游戏。这样可以很好地强化狗狗的服从性。

记住琼·唐纳森在*The Culture Clash*里面的一句话：**掌控游戏，就掌控了狗狗！**（Control the game, control the dog!）

第一节　衔取

一、游戏规则

主人将球扔到远处，然后让狗狗将球衔回并交给主人。

二、游戏方法

衔取这个游戏有两个版本，在室内和户外都可以玩。最能消耗体力的当然是在户外开阔的地方玩。

初级版的游戏为直接衔回。训练方法见第五篇第一章第七节"衔取"。出门时带上狗狗最喜欢的球，到了草坪上把球扔到远处，让狗狗衔回来后，再扔出去，多玩几个回合，就能让狗狗消耗掉过剩的精力了。

这个游戏的升级版是搜索+衔取，即把球扔到茂密的草丛中（那种有二三十厘米高的麦冬草地是最理想的）或者落叶堆里，然后让狗狗用鼻子把球找出来并交给主人。这个游戏比直接衔取难度大，但是对于喜欢挑战的狗狗会更有吸引力。

在做升级版游戏时，需要循序渐进。先把球藏在狗狗容易找到的地方，等它了解游戏规则之后，再逐步提高难度。这个游戏不但能快速消耗狗狗旺盛的精力，还可以为主人赢得一点在一旁锻炼身体的自由时间。

需要注意的是，在蚊虫活跃的季节，草丛里容易有跳蚤、蜱虫等寄生虫，要注意给狗狗做好体外驱虫，或者避免在这段时间让狗狗去草丛玩。

第二节 躲猫猫

一、游戏规则

一人蒙住狗狗的眼睛，另一人去躲好，然后让狗狗利用嗅觉去找出躲藏者。

二、游戏方法

参见第五篇第一章第十二节"搜索"。

躲猫猫这个游戏不仅适合在室内做，也很适合在户外做。趁狗狗忙着低头闻味道或者跟其他狗狗打招呼时，主人赶紧找个能观察到狗狗的地方躲起来。等狗狗找到主人时，主人应给它一个大大的拥抱和奖励！

刚开始练习时，主人如果发现狗狗实在找不到自己，可以轻声呼唤狗狗的名字作为提示。以后再逐步提高难度，不要发出声音，让狗狗依靠嗅觉来找主人。

如果是两个人一起遛狗，则可以让一个人控制住狗狗，另一个人迅速躲好，然后让狗狗去寻找躲好的主人。

经常在户外做这个游戏，还能在不小心和狗狗走散之后，让狗狗根据气味顺利找到主人，降低狗狗走失的风险。

第三节　打猎

一、游戏规则

让狗狗在门口坐下别动，主人进房间藏好食物，然后让狗狗进去搜索。搜到的食物当然可以当场吃掉作为奖励！

打猎这个游戏其实也是搜索游戏的另一个版本，但是因为结果和食物直接相联系，所以一般会成为狗狗最喜欢的游戏。

二、游戏方法

（1）让狗狗先在门口坐下别动。（如果常和它玩室内搜索的游戏，会很容易做到。）

（2）主人进屋，关上房门，然后把食物藏在房间的各个角落，并留一小块食物藏在手心里。和前面的搜索游戏一样，难度也是从易到难。刚开始可以将食物藏在门背后、橱柜旁等角落里，等狗狗明白游戏规则后，可以提高难度，把食物藏在地毯下、垫子下、纸盒里等。（注意：藏匿食物的地方应经常变化，否则狗狗以后总是会去这些地方"试试运气"。）

（3）藏好食物后，主人开门，先控制住狗狗，然后握拳给狗狗闻一下藏在手心的食物，随即下达"搜"的口令，再松手让兴奋的狗狗进屋"打猎"。

这个游戏利用了狗狗喜欢打猎的天性，不但能消耗它的精力，还能让它非常有成就感。

小贴士　可以在狗狗吃正餐时玩这个游戏。例如主人在早上上班前，藏好早餐分量的狗粮，出门前下达"搜"的口令。这样可以让狗狗独自在家变得不那么无聊。对于精力超级旺盛的狗狗，甚至可以用这种方式给它吃每顿饭，这样可以消耗它大量的精力。

第四节　摔跤游戏

一、游戏规则

主人把狗狗扑倒在地，让它四脚朝天，然后和它打闹，可以弄乱它的毛发，轻轻地抓它的四肢，甚至把手伸进它嘴里让它咬，就像两只狗狗在一起玩那样！

摔跤游戏比较适合在室内玩，当然，如果户外有块干净的大草坪，又碰上风和日丽的天气，那么在户外玩也非常不错。

这个游戏其实也是咬力控制训练的一部分。最好在狗狗2~3个月大的时候开始训练，目的是让狗狗长大后知道如何控制自己的咬力。同时这也是消耗狗狗精力很好的办法。

狗狗可以很精确地控制它的咬力，但是如果我们不告诉它什么样的力度是恰当的，那么它长大后下嘴就不知轻重了。而通过这个游戏，可以很明确地给它关于下嘴力度的反馈。

二、游戏方法

（1）主人把狗狗扑倒在地，让它四脚朝天，一边跟它打闹，一边把手伸进它的嘴里。

（2）在狗狗咬到主人手的时候，如果下嘴比较重，主人一定要做出被咬痛的样子，"嗷呜"尖叫一声逃开，就像我们不小心弄痛狗狗时狗狗的反应一样。

（3）逃开后停止游戏十秒左右，再重新开始游戏。

（4）逐步提高标准，直到狗狗能够很轻柔地咬主人的手为止。

第五节 抓住你

一、游戏规则

由主人宣布"抓住你喽"，然后狗狗开始逃跑，主人在后面虚张声势地追逐，最后让狗狗根据主人的口令停下。

这也是在室内和户外都可以进行的游戏。刚开始训练的时候应在室内，因为户外场地过大，容易造成狗狗一味地奔跑，不听从口令停下来。

这个游戏训练的重点是狗狗能够在追逐的过程中，听到口令后站住不动，让主人抓住自己。这既是消耗狗狗体力的一个好办法，同时也能在紧急情况下让主人顺利地控制住狗狗，避免意外的发生。

二、游戏方法

（1）主人一边用夸张的语调说"抓住你喽"，一边张开双手呈抓捕状，向狗狗扑去。

（2）一般狗狗会拔腿就跑。主人就在后面一边继续喊"抓住你喽"，一边追赶。

（3）如果狗狗站在原地不动，主人可以一边喊，一边自己先跑，引诱它来追自己，等它跑起来之后，再故意放慢脚步，让它跑到前面。

（4）把狗狗逼到房间的一个角落，在它无路可逃，站住不动的瞬间，喊口令"停"，然后抓住它。

（5）立即对狗狗进行奖励。

（6）重新开始游戏。等玩了两三次，狗狗明白了游戏规则之后，在把它逼入角落之前就喊"停"，等狗狗停下后抓住它，再奖励。

（7）等狗狗在室内熟悉这个游戏之后，再到户外进行训练。

小贴士 （1）可以根据主人的喜好进行一些变化。例如我和留下玩的时候，是把它追进卧室，然后它就跳上床，之后立即躺下等我去抓，非常可爱！我开始训练的时候，在抓住它后发口令"躺下"，等它躺下后立即进行表扬。几次之后，它就会在最后的时候自动躺下了。

（2）狗狗熟悉这个游戏之后，有时候会偷懒，直接站在原地让主人抓住，希望直奔主题——领奖。遇到这种情况，主人不要给它奖励，而是应该按照第 3 步的方法带动狗狗跑起来后再奖励。

第六节　拔河

一、游戏规则

　　主人把玩具的一端放在狗狗嘴边，狗狗张嘴咬住，然后主人用手拿着玩具的另一端跟狗狗"拔河"。当主人要求狗狗松嘴的时候，狗狗必须松嘴。

　　拔河是大多数狗狗很喜欢的游戏。但是有很多专业人士或书籍会建议不要和狗狗玩这个游戏，其认为玩这个游戏时主人很容易输给狗狗，从而让狗狗产生支配主人的想法。然而琼·唐纳森却认为只要事先制订好游戏规则（最重要的就是由主人决定游戏的开始和结束，而不是狗狗），不但可以让狗狗尽情享受拔河的乐趣，还能让主人充分掌控游戏的过程。

　　为了做到这一点，先要训练狗狗听懂"咬"和"吐"的口令（训练方法见第五篇第一章第六节"咬住及松口"）。等狗狗熟练掌握"咬"和"吐"之后，就可以开始和它玩拔河的游戏了。

二、游戏方法

　　（1）用一只手抓住拔河玩具的一端，把另一端送到狗狗嘴边，并下令"咬"。

　　（2）等狗狗咬住玩具后，轻轻拉扯玩具，诱使狗狗向反方向拉玩具。根据狗狗的力量慢慢加大拉力，形成拔河的状态。主人的表情要开心而夸张。

　　（3）几个回合之后，下达"吐"的口令，在狗狗张嘴后移走玩具。用零食进行奖励。

　　（4）休息几秒钟后，重新开始游戏。

　　（5）玩过几个回合之后，再次下达"吐"的口令，在狗狗张嘴后移走玩具，并下达游戏结束的口令，例如"下课了"，然后收好玩具，并给狗狗"高级"零食奖励，或者用出门散步等来代替游戏结束后的奖励。

小贴士 （1）在游戏过程中，要经常进行服从性训练。例如拿走玩具后，下令"休息"，然后让狗狗坐下别动，等狗狗安静片刻再恢复游戏。

（2）只有经主人邀请，才可以进行拔河游戏。如果狗狗自己叼着拔河玩具来塞给主人，一定不能和它玩。可以先不予理睬1~2分钟，然后再拿起玩具邀请它玩。

第六篇

其他行为问题

PART SIX

第一章

发情期的问题

小型犬成长6~7个月后，进入青春期，性发育成熟，主人需要面对新的问题了。

第一节　发情的时间以及发情的症状

首先让我们来了解一下**狗狗什么时候发情以及发情的症状**。

一、母狗

母狗一般一年发两次情，分别在春季和秋季。母狗的发情期可分为3个阶段，包括：发情前期、发情中期和发情后期。

（1）发情前期。

发情前期是指阴道开始出血到可以交配的期间，一般为**7~10天**。这个时期卵子已接近成熟，表现为外阴红肿，阴道中流出带血的黏液，颜色为深红色。

如果是小型犬，因为出血量很少，而且狗狗一般会及时舔掉，所以主人不容易从出血的情况来判断狗狗是否发情。

但如果发现狗狗经常坐下来去舔自己的阴部，主人就要注意观察。如果发现狗狗外阴肿胀，像一个小桃子，那么狗狗就是发情了。

此外，处于发情前期的母狗一般会出现食欲降低、饮水量增加、喜欢外出、出去后喜欢四处撒尿、喜欢和公狗玩等现象。但此时母狗还不允许公狗交配，只要公狗想要爬跨，一般母狗会当场"翻脸"，对公狗做出大叫等攻击动作，把公狗赶开。

虽然这时母狗还不允许公狗交配，但是母狗到处留下的气味已经足以吸引成群的公狗每天到母狗家门口来守候了。我家留下发情的时候，遇到一只痴情的公狗俊俊，它从早到晚不吃不喝地守候在我家门口，半夜三点多回家稍作休息之后，清晨六点多又出现在我家门口！

（2）发情中期。

母狗阴道开始出血后约第9天，进入发情中期。发情中期一般持续**一周左右**。此时外阴仍然肿胀，并变软，但体积会逐渐缩小。同时，出血量大大减少，颜色逐渐变淡，直至停止出血。轻碰其臀部，母狗就会将尾巴翘起，偏向一侧，做出等待交配的姿势。这时母狗允许公狗交配。进入发情中期后第2天至第8天，母狗开始排卵，这时是最容易交配成功的时候。

进入发情中期的母狗比在发情前期时更急切地想去找公狗，而且会主动地将尾巴翘起向左右偏转，露出外阴，"引诱"并允许公狗爬跨。如果您不希望狗狗怀孕，这时候一定要严加看管，尽量避免其和公狗接触，以免造成意外怀孕。

（3）发情后期。

发情中期过后，进入发情后期，约持续10天。此时母狗的发情症状逐渐消失，肿胀的外阴逐渐缩小，直至恢复正常，阴道流出的黏液减少，出血完全停止。狗狗也恢复安静的性情。若母狗已怀孕则进入妊娠期。

进入发情后期的母狗虽然仍能引起部分公狗的兴趣，但母狗会重新开始拒绝公狗爬跨。而有经验的公狗则会对处于发情后期的母狗失去兴趣，不再主动追求。

二、公狗

公狗发情是被动的，是受到发情母狗气味的刺激才发情的。

如前面所说，母狗在发情前期会不停地在户外通过尿液留下气味。公狗闻到了发情母狗留下的气味之后，就会发情。

公狗发情的表现有：厌食；躁动；喜欢外出；一出门就在地面上四处闻母狗留下的气味，并循迹去找发情的母狗；如果找到发情母狗的家则以后一出门就直接去母狗家；遇到发情的母狗就企图爬跨；有的公狗发情后如果找不到母狗，会在其他公狗、毛绒玩具，以及主人腿上爬跨。

第二节　发情期要注意的问题

狗狗在发情的时候主人要特别注意以下问题。

一、对于母狗

（1）卫生问题。

尽量不要让狗狗坐在脏冷的地上，外出回家后用温水或者洁尔阴洗液擦洗狗狗外阴后吹干。

（2）意外怀孕。

在发情中期要对狗狗严加看管，尽量避免其和公狗接触。最好能适时绝育。

二、对于公狗

（1）打架问题。

处于发情期的公狗，无论体形大小，都非常容易为争夺配偶而斗殴。因此，在发情季节带公狗（哪怕狗狗还没有发情）出门散步时，必须要系好牵引绳。遇到狗伙伴时，先了解其性别和发情状况，确认安全后，再松开绳子让狗狗玩耍。

如果对方是单独的一只公狗或母狗，理论上是安全的。但是，在狗狗玩耍的时候，主人也必须"眼观六路，耳听八方"，以免突然来了一只发情母狗或公狗而引起争斗。

如果对方有两只或两只以上的狗，其中一只是发情的母狗，其他是公狗，则危险系数最高，最好赶快带狗狗远离是非之地。

（2）爬跨问题。

发情的公狗如果没有机会交配，会爬跨其他公狗、毛绒玩具、主人的大腿等。这样不但不雅观，而且容易造成细菌感染，影响狗狗健康。

主人发现公狗的爬跨行为时，不要打骂，只要一发现就把它和爬跨对象分开，并用别的游戏分散它的注意力，不要让它养成习惯即可。如果不配种，最好给公狗实施绝育手术。

三、对于母狗和公狗都要注意走失问题

前面已经介绍过，在发情期，无论公狗和母狗都会躁动不安，想要出门去"找对象"。所以在这段时间，平时安静的狗狗很有可能趁主人不注意，自己想办法出门。我以前养的京巴Doddy长得很胖，平时根本不可能从院子围栏的缝隙钻出去，它也从未想过要从那里钻出去。可是有一年它发情的时候，为了追求隔壁家发情的母狗妮妮，它居然从缝隙钻了出去。

此外，虽然平时公狗出门的时候都不会忘记沿路撒尿做记号，但发情的公狗，一心一意想找"女朋友"，常常会忘了做记号，而只顾循着母狗的味道一路找去。等它想回家的时候，才发现已经找不到回家的路了。很多主人平时不愿意给狗狗系牵引绳，因为即使走散了狗狗也会自己回家。但往往就是这些习惯自己回家的狗狗在发情期的时候就走失了。

所以主人一是要防止狗狗出逃（即使是狗狗平时不可能用到的一些出口，这时也要考虑将其封闭），二是在出门的时候一定要系牵引绳，在松开牵引绳后也要注意看管。

第二章

打架的问题

　　无论您家的狗狗现在有多乖，我都建议您了解一些关于狗狗打架的知识，有备无患。狗狗打架这种事情是很难避免的，因为狗狗就是用打架来解决一切矛盾的动物。

第一节　狗狗为什么会打架

一、守护资源

　　狗狗打架常见的原因是为了守护资源。在自然界，资源是十分宝贵的，守护好来之不易的资源，对于繁衍和生存都具有重要的意义。而家养的狗狗虽然过着养尊处优的生活，但依然在基因的作用下有着守护资源的本能。它们所要守护的资源如下。

　　（1）配偶。

　　从上一章里我们已经了解到，在发情季节，如果有一只发情的母狗在场，那么其他发情的公狗，无论体形有多么悬殊，都极有可能在一瞬间剑拔弩张。

　　有一次我家留下发情，有一只叫俊俊的公狗天天来我家门口守候。有一天早上，另一只公狗QQ也早早地来和俊俊一起等留下起床。QQ是一只泰迪，体形只有俊俊的一半左右大。当时两只狗狗相安无事，一起在门口静静等待留下。

　　等到我开了门带留下出去，俊俊和QQ争先恐后地向留下献媚。

　　谁知眨眼间，俊俊就对QQ发动了激烈的攻击。而QQ这时根本不顾自己只有对手的一半大小，毫不示弱地进行反击，场面看上去非常吓人。

（2）食物。

很多时候，两只平时关系还不错的狗狗突然反目，往往就是因为一只狗狗动了另一只狗狗的食物。

有时候，这类原因引起的争斗看上去很明显，即我们可以看到一只狗狗正在进食，或者正在守护着面前的食物，当另一只狗狗靠近时，护食的那只狗狗会马上发出警告。

还有的时候，在人类看来起因却并不是那么明显，甚至会认为狗狗无缘无故地打架了，而实际上也是因为食物之争。

例如泰迪丰儿的主人遛狗时喜欢将零食拿出来给留下和丰儿分享。丰儿和留下是好朋友，分享零食的时候没有任何问题。有一天留下和丰儿一起散步时，遇上了丰儿的另一个好朋友Julia。丰儿主人照例拿出了零食准备分给三个狗狗。谁知还没有开始分，Julia一看见零食，第一反应就是向留下狂叫并企图咬它。原来虽然留下和丰儿是好朋友，丰儿和Julia是好朋友，它们之间都不会为争夺食物而打架，但Julia和留下却并不熟悉，因此三只狗同时在场时，情况就不同了。所以我建议遛狗时不要轻易给狗狗分零食吃。

又例如有一次我同时遛留下和瓯元。两只狗边走边各自嗅着路边的各种气味，相安无事。途中留下突然对瓯元大声叫了起来，还做出空咬的威胁动作。我一检查，才发现路边有一袋不知被谁丢弃的臭气熏天的臭豆腐。留下正是为了把这袋臭豆腐据为己有，才威胁瓯元的。

还有一次我在天目山带着村里的两条中华田园犬——小花和毛毛玩。小花和毛毛年纪相仿，小花是公狗，毛毛是母狗，两条狗是很要好的朋友。那天走在半路上，小花忽然狂吠着朝正在路边的杂草丛低头闻味道的毛毛冲过去，直到把毛毛从那块地方赶走才作罢。我仔细一看，原来那是小花昨天埋肉骨头的地方。小花常常会把暂时吃不完的食物埋在一个秘密的地方，等下次饿了再挖出来吃。

诸如此类的例子不胜枚举。究其原因，都是为了守护食物资源！

（3）主人。

有的狗狗也会把主人视为自己要守护的资源。如果主人去宠爱别的狗狗，它就会冲上去攻击，直到把对方赶走为止。

（4）玩具。

玩具对于狗狗来说，绝不是我们人类所认为的普普通通的玩具，而是宝贵的猎物。因此狗狗为了争夺玩具而大打出手的场面可谓屡见不鲜。

要注意的是，这里所说的玩具是泛指。对于狗狗来说，一只破袜子、一张餐巾纸之类的东西都有可能是它要守护的"宝贝"。

（5）地盘。

狗狗要守护的地盘除了它们和人类共处的家，还包括它自己睡觉的地方（如果它和主人睡在同一张床上，那么它就有可能把这张床也视为自己的地盘），以及它经常占据的沙发等。

二、确认地位

狗狗打架的第二类原因是确认地位。跟它们的祖先狼一样，狗也是要区分社会地位的。而要确认社会地位的高低，最直接的办法就是打一架了。未绝育的成年公狗之间容易发生地位之争。

这类打架通常发生在有新成员进入一个群体时。这个群体是指一个相对稳定的群体。例如由一只狗和几个人组成的家；经常在某个公园或者草坪等公共场合聚会的一群狗；或者在农村的一个自然村落范围里的所有狗等。

一般原来的首领会率先对新来的狗发起挑衅，如果新来的狗表示臣服（**放低身段，转移目光不敢对视，夹起尾巴，放慢脚步，甚至肚皮朝天躺下，发出"呜呜"的哀鸣声等**），首领的地位得到确认，争斗就宣告结束。首领不会对已经臣服的狗狗进行伤害。而倘若新来的狗不服，用大叫和扑咬与首领对抗，那么争斗就会升级，直到一方认输为止。这种场面在围观的人类看来十分恐怖，双方都会发出最大的吼叫声，而且会撕咬在一起，难解难分。这是争夺配偶以外最容易发生流血事件的争斗。

我所居住的小区里有一个小草坡，我们把它叫作"狗山"，因为每天下午小区里的许多狗狗都会到那里聚会。它们中间有一只是"狗王"，名叫King。对所有想到"狗山"上来玩的新来的狗，King

都会冲上去示威。新来的狗只有得到King首肯才能在"狗山"上玩。也有些不服气的狗，跟King打了一架，付出血的代价后，承认了"狗王"的地位，以后再来玩就相安无事了。

三、不懂社交礼仪

狗狗打架的第三类原因是不懂社交礼仪。

（1）出场的时候过于激动，表现得超级兴奋且举止粗鲁。

这类狗狗被琼·唐纳森在*Fight!*一书中形象地称为"人猿泰山"。它们从小就被人类收养，在青春期之前几乎从未见过自己的同类，更缺乏跟同类交往的经验。所以等到某一天突然见到自己的同类时，它们会表现得超级兴奋，按捺不住地想要和对方玩，却又完全不懂狗狗的社交礼仪，因此在对方看来表现粗鲁，很容易一番好意被对方认为有敌意，从而引发争斗。

按照犬类的礼仪，两只狗见面时应当先减速，保持一定的距离（大约1米），慢慢接近，先相互闻一下脸部的气味，然后再去闻对方屁股的气味，双方首尾相接，形成一个环。通过闻气味，了解对方的各种信息：年龄、性别、是否处于发情期等。如果不投缘，闻好气味，双方就会分开，各走各的。如果是公狗，还会在最近的一个竖直物体旁撒上几滴尿，占个地盘。（有的狗狗会在闻气味的过程中，迅速做出"危险"的判断，突然向对方做出攻击行为。这时主人应立即制止，并立即将双方分开。）如果投缘，则双方会分开一下，前肢向前方地面伸展，臀部抬高，做出一个"鞠躬"的姿势，表示邀请对方一起玩。

而"人猿泰山"类的狗狗则根本不懂这一套规矩，它们从来不知道要先保持1米左右的距离，也不知道去闻对方的气味，而是直接冲到对方跟前，然后用自己的方式企图让对方跟自己玩，完全读不懂对方讨厌自己的肢体语言。这类狗狗对其他狗狗有很强烈的兴趣，只是缺乏社交礼仪，不懂得如何正确地跟同类交往。

（2）不喜欢跟同类玩，对于同类的接近过于敏感。

还有的狗狗虽然也是从小没有或者很少有机会接触同类，但长大后和"人猿泰山"类的狗狗的表现正好相反，它们不喜欢跟同类玩，对于同类的接近过于敏感。我把这种情况称为"社交恐惧症"。

当有别的狗狗接近的时候，它们可能会有两种截然相反的表现：一种看起来很胆小，遇到别的狗狗就退缩、逃避；另一种则显得很凶猛，会做出各种威胁的动作，包括皱鼻子、露出牙齿、大叫，甚至上前扑咬。后者就很有可能引起一场争斗了。

但是这两种截然相反的表现，其内在的原因却是相同的，那就是：缺乏自信和害怕。所有的动物，当它们对某一样事物感到害怕的时候，就会把对方视为一种威胁。解除威胁的办法就是加大与威胁物的距离。退缩和逃避是主动地加大和对方的距离，而做出攻击动作则是要求对方远离自己。这是为了达到同一目的的两种不同策略。如果把退缩称为A计划，攻击就是B计划。狗狗会根据不同情况选择A计划或者B计划，并且在所选择的计划不奏效的时候，迅速转换成另一种计划。

一般狗狗在初次遇到威胁的时候，会采取A计划（逃跑）。如果逃跑成功，则下次会优先采用这一策略。但有的时候，主人手里控制着牵引绳，并且置狗狗害怕的神情于不顾，继续在原地停留；或者主人出于好意，为了保护自己的狗狗而把它抱到了怀里。在这些情况下，狗狗都没有办法实施A计划，于是只好转换成B计划。狗狗做出大叫、扑咬等攻击行为后，如果对方狗狗离开了（多数情况下对方主人会带着自己的狗狗离开），那么狗狗就学到了：B计划是一种有用的策略。下次狗狗就会开始首先使用B计划了。这也是为什么当遇到狗对你大叫的时候，不要逃跑，要站着别动——等狗狗自己从B计划转成A计划。

因此，狗狗看起来胆小和看起来凶猛不是绝对的。

一般说来，小型犬和大型犬都比较容易患上"社交恐惧症"。主要的原因是主人对小型犬实施了过度保护，为了避免其受到伤害，从小不让它跟别的狗狗接触；而大型犬则因为在只有几个月大的时候就已经长得很吓人了，很少有人愿意让自己的狗狗跟它玩。

另外还有两种情况，虽然看起来不一样，但实质上和这一类情况相同。

一种是原来的社交情况很正常，但在某一次被别的狗狗咬伤了，从此就会害怕和别的狗狗接触。

还有一种是虽然从小和别的狗狗一起长大，但是所接触的都是自己家里的狗狗。主人认为狗狗已经有玩伴了，就没有带它们出去和别的狗狗玩。这样的狗狗长大后也极有可能会有"社交恐惧症"，并且因为有自己的小群体，而特别容易对外界的狗狗产生攻击行为。

患有"社交恐惧症"的狗狗如果习惯采用B计划，就很容易在别的狗狗接近自己的时候引发战斗。

（3）欠缺游戏技巧。

有的时候当两只狗狗在一起玩的时候玩过了火，会把游戏变成打架。这很像一首杭州方言童谣所唱的：小芽儿（小孩子），搞搞儿（玩游戏），搞到后来打架儿。

琼·唐纳森在*Fight!*一书中解释说："当两只狗在一起玩的时候，经常会有角色轮换：一只狗咬对方一口，然后被对方咬一口；一只狗追赶对方，然后被对方追赶；一只狗把对方压在下面，然后被对方压在下面。在游戏的过程中实现角色的轮换。如果这个规则被打破了，一方不停地重复着同样的动作，而且程度越来越激烈，另一方想要换成其他动作或者降低程度的信号被忽视了，就容易使对方恼怒、自卫甚至开打。"

（4）骚扰。

这一种情况大致可以分为三类。

第一类属于性骚扰。 多数为公狗在母狗不情愿的时候，如发情前期或者发情后期，甚至根本没有在发情期的时候，企图去爬跨母狗，这是一定会被母狗视为性骚扰而对其大打出手的。也有的公狗会搞不清状况去爬跨别的公狗，这当然也属于"令狗生厌"的行径，除非是熟悉的好朋友之间闹着玩儿。

第二类属于为了游戏而进行的故意的骚扰。 有些狗狗为了能让别的狗狗陪自己玩，对方不理它，就故意去冲撞对方，或者一边望着对方一边"汪汪"地叫，然后迅速跑开。一会儿再过来骚扰一下，再跑开。直到对方被激怒后去追逐它，想把它赶走，它却把此视为游戏的开始。

瓯元刚到我家来学习的时候，留下嫌它是个不懂事的小孩，根本不理它。不甘寂寞的瓯元就采取这种策略，不停地去骚扰留下，直到把留下惹怒了反身去追它，它则借机玩起了"来抓我呀"的游戏。

第三类属于无心的骚扰。 一只狗狗无心的大叫、冲撞或者超过了"一米线"等，都有可能被另一只狗狗认为是骚扰，从而产生反感。如果家里有两只以上的狗狗，那么可能这类因为琐事而发生的矛盾占的比例会是最大的。

比如我家留下就会因为嫌瓯元叫得太吵了，或者自己心情不好的时候正好瓯元距离自己太近了而突然对瓯元咬上一口。

四、基因问题

人类根据自身各种不同的需要，不断地对犬类进行基因选择。因此有些犬种天生就具有很强的攻击性，如斗牛犬、藏獒。

五、猎食本能

还有一种特殊情况，就是某些大型犬在遇到小型犬的时候会突然冲过去把小狗一口咬住，有的还会把小狗咬在嘴里来回甩。根据我看过及经历过的一些案例来看，很像是大狗把小狗当成了猎物，在做"猎食"的游戏。所以我把这种情况归成**第五类：猎食本能**。这一类情况实际上是第四类原因——**基因问题的特殊情况。**

六、主人传递了错误信息

很多情况下，两只狗狗的争斗实际上是主人无意间挑起的。

例如一只小型犬的主人看到迎面来了一只大型犬，害怕对方会伤害自己的小狗，于是迅速抱起小狗。这个突然的动作很清楚地向小狗传递了主人的感觉：危险！感到害怕的小狗因为被主人抱着，无法采取A计划——逃跑，于是只好孤注一掷，采取B计划——在主人怀里不停地向对方大叫。被激怒的大狗（个别特别成熟稳重的除外）于是也会用大叫甚至扑咬等攻击动作还击。

还有一种情况就是两只狗因为守护资源等发生过矛盾，后来每次见面的时候，主人因为害怕再起纷争，就采取猛拉牵引绳或者突然将其抱到怀里等措施来防止两只狗打架。其实，对于狗狗来说是没有永久的敌人的。如果它们曾为了一块肉骨头而大打出手，那么肉骨头消失以后，它们是不会记仇的。但是主人的行为却等于是在提醒自己的狗狗：当心！对方很危险！于是，跟上面一样，狗狗就先发制人地采取了攻击行为。而主人却以为因为两只狗是"仇人"，所以一见面就要互相攻击。

这一类情况实际上是第三类原因中"对于同类的接近过于敏感"的特殊表现形式，都是因为害怕而产生的。只不过在这种情况下，是主人的行为向狗狗传递了错误的"危险"信息，才导致狗狗产生害怕的情绪。

第二节　打架的形式有哪些

一、打架的原因

让我们先来回顾一下引起狗狗打架的六类原因。

第一类原因：守护资源，包括配偶、食物、主人、玩具和地盘等资源。

　　第二类原因：确认地位。

　　第三类原因：不懂社交礼仪。这包括出场的时候过于激动，表现得超级兴奋且举止粗鲁；不喜欢跟同类玩，对于同类的接近过于敏感；欠缺游戏技巧；骚扰等。

　　第四类原因：基因问题。

　　第五类原因：猎食本能。

　　第六类原因：主人传递了错误信息。

二、打架的形式

　　狗狗打架的形式基本上可以分为以下3种。

　　（1）单方面警告。

　　单方面警告是级别最低的，也就是发生身体伤害可能性最小的一种形式。

　　警告的程度由低到高分为：瞪眼，皱鼻子；龇牙，低吼；高声大叫；边大叫边冲向对方；空咬。其中，空咬是指狗狗做出咬的动作，甚至上下牙齿也会碰在一起，但并不真的想去咬对方，最多只会因为没有精确控制位置而碰到了对方的毛发。但在旁观者看来，很像是真的下嘴咬对方。

　　有的时候，因为以前使用大叫或空咬的策略奏效了，那么狗狗就有可能省略前面的步骤，而直接采用最高程度的警告。

　　当一只狗在守护自己的资源时，一般就会先发出单方面警告。无论是何种程度的警告，如果侵犯者能识相地立即离开狗狗正在守护的资源，那么是不会发生斗殴的。虽然有时候发出警告者的样子会很恐怖，好像要跟对方打架一样，但其目的只是吓退对方。这样守卫者需要付出的代价是最小的。

　　另外，**当一只自认为是首领的狗遇到新加入的成员时，也会先通过单方面警告向对方表明自己的身份。**不过这种警告一般不会经历像守护资源时的由低到高的程度，而是直接采用边大叫边冲向对方，甚至空咬的最高程度的警告。这样可以很清楚地向对方展示自己的实力，避免因为对方自不量力而发生不必要的打斗。毕竟真正的打斗对双方都是有损失的。

　　如果对方接到警告之后，立即做出趴在地上不动，甚至露出肚皮的"投降"姿态，那么首领是不会真正咬伤对方的。

　　当发生第三类情况，也就是因为不懂社交礼仪而引起的冲突时，受到威胁或者骚扰的一方也会先发出单方面警告。其中，对于同类的接近过于敏感的狗狗会像在守护资源一样，在有同类接近的时候，根据和对方的距离、对方接近自己的速度、对方的体形，以及双方交锋的历史等情况发出不同程度的警告。而在其他情况下，包括由于对方出场时过于激动，表现得超级兴奋且举止粗鲁，或者由于对方欠缺游戏技巧，以及受到对方骚扰时，一般因为情况紧急，也会直接发出最高程度的警告。这种警告在人类看来，好像是一只狗大叫着要去咬另一只狗，而实际上其目的也只是吓唬对方，一般只要对方停止骚扰或者离开，警告就会停止，不会再升级了。

（2）双方斗殴。

双方斗殴是级别较高，有可能会发生身体伤害的一种打架形式。

简而言之，**当警告无效时，即会升级为斗殴。**

例如在第一类矛盾中，当一只狗无视另一只狗为保护资源而发出的警告继续接近对方的资源，甚至企图夺取对方正在守护的资源时，一场斗殴就不可避免了。

或者在第二类矛盾中，如果新成员想挑战首领的权威，就会对首领发出的警告进行对抗，而非摆出投降的姿态。对抗的形式从对视、对"骂"，直到对打、对咬。

而在第三类矛盾中，如果引起矛盾的一方不顾对方的警告，继续接近或骚扰，警告就会升级为真正的咬，而被咬的一方因为疼痛也会还嘴，这样就变成了双方斗殴。

当两只或两只以上的狗狗发生斗殴时，场面有可能会显得非常可怕。每一只狗狗都会最大限度地露出自己白森森的牙齿，做出要吃掉对方的表情；发出最大音量的连续不断的叫声；用身体激烈地冲撞对方；用嘴去撕咬对方的脸部、头部、背部等。但这种斗殴通常只是一种仪式性的争斗，其目的在于分出胜负，而非杀死对方。所以，虽然在一旁看的人会胆战心惊，而且狗狗也有可能真的会流点血，但结果并不会太可怕。

瓯元刚到我家来接受训练的时候，因为不服留下的首领地位，每天都要和留下激烈地打上好多场架。但最严重的伤害只不过是瓯元的鼻子被咬破了一点皮。如果不是正好在鼻子上，根本不会发生任何伤害。而留下受到的"伤害"则只是毛发上瓯元留下的口水。

琼·唐纳森在*Fight!*一书中介绍了伊恩·邓巴博士的咬伤/打架比例法：用狗狗被送去宠物医院缝针治疗的次数除以打架的次数。这一方法可以很客观地评估两只狗打架的预后情况。例如瓯元在承认留下的首领地位前，至少和留下打了10场架，但双方需要送去医院治疗的次数均为0。所以留下的咬伤/打架比例=0/10=0。瓯元的咬伤/打架比例=0/10=0。这样我们可以估计出，留下和瓯元在打架的时候，是不太可能真正咬伤对方的。

所以，琼·唐纳森总结说："狗和狗之间打架看上去的可怕或激烈程度和所造成的伤害程度之间没有任何关系。事实上，鉴于狗狗所采用的仪式化的打架形式，看上去戏剧化、动静大、场面混乱的战斗，其导致的伤害程度倒有可能是最小的。"了解这一点，有助于主人将来在遇到突发打架事件时保持镇定。

话虽然是这么说，但是即便是这一类仪式化的打架，在两种情况下还是有可能造成较严重伤害的。第一是在打斗的时候，意外地咬到了眼睛、鼻子、耳朵这些脆弱的部位。第二就是双方体形悬殊，例如大型犬和小型犬之间发生争斗，尤其是大型犬从小没有受过咬力控制的训练的时候。

（3）猎食性攻击。

猎食性攻击是级别最高的打架形式，有可能造成狗狗重伤甚至死亡，为一方对另一方发起的攻击。

这种情况发生时，往往发动攻击的一方不会事先发出任何警告，而是悄无声息地摆出一个猎食前的准备动作，然后直接扑向对方。而且这种攻击行为并不仅仅针对狗狗，如果出现在狗狗面前的是一只猫咪或小兔子之类的小动物时，也会引起同样的攻击行为。而被攻击的一方往往是非常无辜的，没有做出任何可以引起斗殴的举动，只是在错误的时间出现在了错误的地点。

一般发动这种攻击的都是一些野性较强的中大型犬，例如松狮和哈士奇。而被攻击的则是各种小型犬。

除了直接将对方咬成重伤甚至咬死，发动此类攻击的中大型犬还经常会把"猎物"衔在嘴里，来回甩，就跟狗狗有时候玩毛绒玩具的举动一样。其实，这都是犬类"猎食"行为中的一部分。

我所在的小区发生过一起哈士奇咬死博美的惨案。据目击者描述，当时博美没有系绳，正在路边的草地上低头闻味道。这时一只哈士奇正好回家路过。哈士奇看见博美，没有发出任何警告，突然就扑了过去，一口咬在了博美的头上。可怜的博美因为头骨碎裂而当场身亡。

还有一起案子也是哈士奇闯的祸。一天清晨，我家楼上的泰迪"奥斯卡"刚下楼走到大门口，另一个单元的哈士奇就从百米开外的地方直接冲过去咬住了它。结果奥斯卡被送到医院缝了两针，几天不敢出门。

我亲身经历过一起类似的可怕事件。多年前，有一次我正带着我养的京巴Doddy在大草坪上玩。突然，在我们毫无防备的情况下冲过来一只松狮，一口咬住了Doddy的脖子，还把它叼在嘴里来回甩。等我好不容易从松狮嘴里救回了Doddy，可怜的Doddy已经被吓晕过去了。它几分钟后才苏醒过来。幸运的是没有造成任何外伤。

这些都是很典型的猎食性攻击行为。

第三节 如何避免狗狗打架

要避免狗狗打架，除了通过从小加强教育（参见第二篇第二章"社交化训练"以及第三章"咬力控制训练"），增强狗狗的自信以及社交能力之外，最主要的就是主人要细心观察，能够及早接收到狗狗发出的警告信号，辨明产生矛盾的原因，根据不同情况立即采取相应措施。

一、守护资源

无论正在守护资源的狗狗（以下简称"警告狗"）发出的是哪一级别的警告，主人只要及时让出现侵犯行为的狗狗（以下简称"侵犯狗"）离开警告狗，战火就会立即被熄灭。如果主人能分辨出警告狗正在守护的资源是什么，也可立即将其正在守护的资源拿走，或者将所有的狗狗带离资源所在的地方，警告狗也能很快安静下来。

例如我在前面提到过的，我家留下为了守护路边发现的一袋臭豆腐而对瓯元发出警告的事件。我把臭豆腐扔进了垃圾桶，留下也就不再警告瓯元了。

还有一次留下和瓯元好端端地在一起散步，留下忽然张嘴去咬瓯元。我一看，原来是路边有一堆猫粮，于是赶紧牵着两只狗离开，然后就相安无事了。

如果是两只公狗为了争母狗而起了冲突，那么可以把侵犯狗带离警告狗，也可以把惹起事端的母狗带离两只公狗。

有一次我家留下在发情期间，凑巧同时遇到了两位"追求者"——俊俊和泰迪。为了争夺留下，两只公狗打得不可开交。我赶紧将留下带离争斗现场，结果不到一分钟，俊俊和泰迪就停止了打斗，各自散开了。

如果侵犯狗比较识相，在警告狗发出警告后能自动离开，那么主人甚至不需要采取任何措施，让狗狗自己去解决问题就可以了。我在天目山农村认识的那两条中华田园犬——小花和毛毛，就属于很识相的。当毛毛无意间接近小花埋骨头的"藏宝地"而被小花警告后，毛毛就立即离开了（虽然它还没有搞清楚那里到底有什么宝贝）。所以它们的"战斗"也就仅限于小花叫了两声而已，虽然没有人类的介入，却也没有升级。农村的狗一般都比较识相，因为它们从小就和别的狗相处，能听懂狗的语言，了解狗的规矩。而城市里的狗因为从小就被带入人类的家庭，很少有机会跟同类交流，等长大了之后，就会有跟同类的"沟通障碍"。

所以，如果侵犯狗不识相，在受到警告后还要继续侵犯，主人应立即采取前述措施，以免警告升级为斗殴。

二、确认地位

前面说过，因确认地位而打架的情况一般发生在有新成员进入一个相对稳定的群体时。因此，一个简单的办法就是"**逃之天天**"——赶紧把新成员带离这个群体。我曾经带着一只比格犬Jerry到农村玩，遇上了村里的"狗王"带着一群"手下"前来"叫板"。"好'狗'不吃眼前亏"，我们赶紧带着Jerry溜之大吉。"狗王"也随之"撤了兵"。

但是，这种情况多是第二只狗狗进入一个家庭的时候和原来的狗狗之间的地位纷争。这时候是不可能采取上面的办法的，主人必须勇敢地面对矛盾。有一个能比较快速地解决问题的方法是给两只狗狗戴上口套，避免发生意外流血事件，然后在主人的监督下，让两只狗狗打上一架。

一旦决出了胜负，那么在相当长一段时间内，也就是负方的实力还没有增长到可以再次挑战胜方权威的时候，双方是不会再爆发战争的。如果不通过打一架决出胜负，那么家里就会矛盾不断。让主人监督的目的是在争斗过于激烈的时候能够及时将两只狗分开，让争斗暂停，以避免发生意外。

瓯元刚来我家培训的时候，在三天里跟留下打了至少10场架。一般都是给它俩吃骨头的时候，留下吃完了自己的，转身去抢瓯元的。瓯元为了护食，两者就会先吵架，再打架。这个事情表面上看是护食引起的，其实质却是地位之争。因为留下自认为是首领，所以才会去拿瓯元的食物。而瓯元并不承认留下的首领地位，因此会有护食的举动。直到第三天下午，留下无意间咬到了瓯元的鼻子，瓯元发出一阵惨叫，终于落荒而逃。从此以后，如果瓯元正在啃骨头，只要留下往它跟前一站，瓯元就会乖乖地把骨头放在地上，任由留下叼走，决不反抗。而留下如果有什么吃剩的食物不吃了，瓯元过来吃，留下也只是朝它看看，并不会去攻击。家里反而安定了。

但是这个方法只适用于新成员和原来的狗狗体形相当（这样即使发生意外，也不会有大的伤害），且新成员实力弱于原来的狗狗的情况。如果原来的狗狗的体形和实力都弱于新成员，例如原来的狗狗是老年小型犬，而新成员则是年轻中大型犬，那么这个时候最好借助主人的力量来维护原来的狗狗的地位。每次喂食都先给原来的狗狗，然后再给新成员。同时，每次在新成员靠近时，都给原来的狗狗零食奖励，让它形成"新成员的出现=好吃的零食"的条件反射，从而能和平地和新成员共处，而不是自不量力地去挑战新成员。

三、不懂社交礼仪

（1）患"社交恐惧症"的狗狗。

如果您的狗狗患有"社交恐惧症"，不喜欢跟同类玩，在有别的狗狗接近时就开始有大叫、扑咬等攻击行为，那么最简单的办法就是迅速将它带离。但这只是一个应急措施，并不能从根本上解决问题，而且会让您的狗狗很孤单。因此，更好的办法是通过脱敏治疗，帮助它克服心理障碍，从而能愉快地跟狗朋友玩。所谓脱敏治疗，就是逐步加大刺激的程度，最终达到狗狗不再害怕刺激物的目的。

前面讲过，患有"社交恐惧症"的狗狗是因为害怕才会攻击接近自己的狗的。所以您可以采取以下方法来帮助它消除这种害怕的心理。

要能在第一时间读懂狗狗发出的害怕信号。下面把发出害怕信号的狗简称为"害怕狗"。一般当有其他狗接近害怕狗，即将超过安全距离时，害怕狗会首先站住不动，身体僵硬，尾巴下垂，目光盯住来者。这是一级信号。如果侵犯狗继续接近或者害怕狗的主人强行牵着害怕狗继续靠近侵犯狗，那么害怕狗就会发出皱鼻、龇牙、低吼、大叫，甚至空咬等更高级别的警告信号。

在害怕狗发出警告信号时，主人立即让害怕狗站在原地，或者后退几步，稍微拉开和侵犯狗的距离。这时害怕狗刚刚开始提高警惕，还没有达到很害怕的程度。如果它没有继续发出更高级别的警告，甚至开始放松，这就是"安全距离"。

在安全距离下，主人一边温柔地抚摸害怕狗，一边用轻松的语调跟它说话，例如"乖宝宝""别怕"等，并在它安静的状态下喂它一些"高级"的零食。这样可以让害怕狗建立"侵犯狗的出现=好吃的零食"的条件反射。还可以在安全距离下，让它做一些容易的服从性动作，例如坐下别动，然后再给予奖励。

在害怕狗完全放松后，再让两只狗狗的距离逐渐缩短。继续重复前面的动作。

> **小贴士** （1）要经常带害怕狗做此类训练。
> （2）主人一定要保持平和、淡定，切忌紧张。
> （3）最好先找脾气好、训练有素的狗狗作为侵犯狗。
> （4）随着狗狗年龄的增长，脱敏的难度会加大。因此越早开始训练越好。
> （5）要在害怕狗不感到害怕的安全距离下开始训练，切忌强迫它接近侵犯狗。

（2）"人猿泰山"类狗狗。

对于"人猿泰山"类狗狗，可以按照下面的方法进行训练。

主人务必牵好绳子再出门。

在"人猿泰山"类狗狗急着要冲向遇到的狗狗（以下称"治疗狗"）时，要求"人猿泰山"类狗狗坐下。如果坐下了，就表扬一下（口头表扬并抚摸即可），然后立即带它慢慢接近治疗狗。如果它不肯坐下，继续朝前冲，则带它往相反的方向走上几米，再重复前面的做法。

接近治疗狗后，用牵引绳引导"人猿泰山"类狗狗用闻气味的方式和对方打招呼，并给予表扬。

等双方互嗅气味之后，即带"人猿泰山"类狗狗离开。这样为一次训练。

经过几次这样的训练之后，如果"人猿泰山"类狗狗遇到其他狗狗知道主动用闻气味的方式打招呼了，可以在它闻味之后，松开绳子，让双方玩一会儿。

在松绳让狗狗玩的时候应密切观察，如果有过分粗鲁而引起对方警告的行为，应立即控制住"人猿泰山"类狗狗，让它"休息"，等它平静下来再玩。

小贴士　刚开始要找懂得社交礼仪、训练有素的狗狗做治疗狗。

（3）欠缺游戏技巧的狗狗。

如果狗狗在玩的时候，因为欠缺游戏技巧而经常引起狗伙伴的不满，应按下面的方法进行训练。

1）在狗狗"违规"时立即用严厉的语气对狗狗说惩罚口令"No"，并随即将它带到一边，让它坐下别动。

2）等狗狗坐下后，进行表扬，也可以利用这个机会给它喝水作为奖励。

3）等狗狗保持不动几秒后（可以逐渐加长时间），再让它玩。

4）在狗狗玩的时候主人应密切观察，一旦发现狗狗有"违规"行为，或者对方狗狗发出了警告信号，则立即重复1）~3）的步骤。

（4）有骚扰行为的狗狗。

对于因为发情或者无心冲撞等引起的骚扰，如果骚扰狗在受到被骚扰狗的警告后能自动停止骚扰，那么矛盾也不会升级，主人无须采取任何措施。但是如果骚扰狗无视警告，继续骚扰，那么最好的办法就是将其带离被骚扰狗，或者用牵引绳控制住骚扰狗，让其无法实施骚扰。

还有一种是骚扰狗为了达到让对方跟自己玩的目的，用大叫或冲撞故意实施骚扰。因为它实施骚扰是为了让对方跟自己玩，如果对方不堪骚扰，转身去追赶它，就会无意间强化这种行为。所以，为了纠正这种行为，最好的办法就是不让它得逞。

1）当骚扰狗开始对其他狗狗大叫或者冲撞，想引起对方注意时，立即将对方带走，或者抱起，并对骚扰狗说惩罚口令"No"。

2）让骚扰狗坐下。等它坐下后口头表扬。

3）保持几秒后，放下被骚扰狗，让骚扰狗和其接触。

4）如果骚扰狗继续进行骚扰，则立即重复1）~3）的步骤。

四、基因问题

作为负责的狗主人，应尽量了解一些关于狗狗的常识，包括哪些品种的狗特别具有攻击性。在遇到这一类狗的时候，采取"惹不起，躲得起"的办法就好了。

如果您自己养的就是这类天生攻击性特别强的狗狗，那么请务必从小开始对狗狗进行咬力控制以及社交能力的训练。如果狗狗已经成年，那么除了通过训练亡羊补牢，在外出时还一定要牵好绳子，让狗狗佩戴口套。

为了能很好地控制这一类狗狗，主人还必须要成为狗狗承认的首领，并加强对狗狗的召回和随行的训练。

五、猎食本能

如果您养的是小型犬，那么出门时一定要注意观察周围是否有大型犬，如果对方是有主人牵着绳子的，则先问明情况再接近。如果没有牵绳，又不了解情况，那么还是避开为妙。

如果您自己养的就是哈士奇、松狮这类猎食本能较强的犬种，那么请务必从小开始对狗狗进行咬力控制以及社交能力的训练。在社交能力训练中，要特别注意让狗狗多接触小型犬、小猫等周围常见的小动物。如果狗狗已经成年，那么除了通过训练亡羊补牢，外出时也一定要牵好绳子，让狗狗佩戴口套。对于这类狗，主人也必须要成为首领才能很好地对其进行掌控。

六、主人传递了错误信息

首先，我们要了解以下内容。

（1）主人的表情和动作会向狗狗传递危险或者安全的信息。

（2）狗狗是活在当下的。它们可以为了争夺一根肉骨头大打出手，但打完就可以重新和平相处，不会因此而成为永远的"仇人"。

因此，主人要做到以下方面。

（1）通过就餐仪式、出门仪式等仪式性的行为在狗狗面前树立自己首领的形象（参见第三篇第三章"如何做狗狗眼中的首领"）。

（2）路上遇到潜在的"敌人"时，保持镇定，让牵引绳保持松弛，不要做出猛拉牵引绳、突然转身或者突然抱起狗狗等惊慌失措的动作。

（3）如果遇到曾经和狗狗发生过矛盾的"仇人"，除了采取上述两条措施，还可以按照第三类原因中针对患有"社交恐惧症"的狗狗的措施帮助狗狗消除可能的害怕心理。

最后，值得注意的是，狗狗很善于通过操作条件反射来"删除"无效行为。如果刚开始狗狗发出的瞪眼、皱鼻子、龇牙以及低吼等低级别的警告被对方忽略，狗狗不得不采取高声大叫、扑咬等高级别的攻击行为才达到预期的效果——让对方后退，那么几次之后，狗狗就学到了低级警告为无效动作，它就会"删除"这些行为，在遇到危险时直接采取高级别的攻击行为。所以，如果主人能在狗狗发出低级警告时就及时采取措施，消除险情，那么狗狗就不会轻易采取高级别的攻击行为；反之，就会看到一只动不动就发起攻击的狗狗。

第四节　如何劝架

如果主人不注意，则可能还没等主人搞清状况，两只狗瞬间就开始了打斗。

对于已经发生的打斗，主人该怎么做才能尽快让狗狗平息下来，并将伤害降到最低限度呢？

一、保持镇定

如果主人惊慌失措，高声尖叫，对狗狗乱打乱踢，只会刺激已经高度兴奋的狗狗，让打斗的场面变得更加激烈。所以，深呼吸，保持镇定是最重要的。

想一想伊恩·邓巴博士提出的咬伤/打架比例，以及琼·唐纳森关于"场面越戏剧化，伤害程度可能越小"的结论，可以帮助您在这种场合下保持镇定。

二、切忌把手放到两者中间

狗狗在打架的时候是不会注意到主人的。如果主人把手伸到打斗正酣的两只狗狗之间，企图将它们分开，极有可能被已经发狂的狗狗咬伤。所以，千万不要把手或者身体的任何部位放到两者中间！

三、快速将两只狗分开

关于分开的办法每个狗主人可以"八仙过海，各显神通"。而我自己试验后发现，比较有效又不会伤到人的有三个方法，您可以根据现场的资源选择其中一个。

（1）用突然发出的巨响声，例如敲打金属、使用压缩空气罐等，惊吓狗狗，使其暂停打斗。

遛狗时随身携带一个装有鹅卵石的金属罐，甚至一面小铜锣，或者专用的压缩空气罐，都有可能在关键时刻帮助到您和狗狗。但是在狗狗已经开打后，主人不要对狗狗高声呵斥，那样会刺激狗狗，让其更加激动。

（2）用随手能拿到的物体，例如杂志、网球拍、背包（我遛狗的时候总是随身背着一个"遛狗包"，紧急情况下能派上用场）、棍子、雨伞等，插到两只狗的中间，将它们隔开。然后迅速控制住其中一只。如果有两个人在场，最好是同时控制住两只狗。

（3）从腹股沟处抓住狗狗的两条后腿，抬起后腿，使其离地，同时向后拖动狗狗，使两只狗分开。

最好是两人同时分别抓住两只狗的后腿，往两边拉，将它们分开。如果只有一个人在场，就先去抓咬得比较凶的那只狗。如果分不清谁咬得比较凶，就先去控制不听话的狗。这是琼·唐纳森在*Fight!*一书里介绍的方法之一，我经过亲身实践，觉得非常有效。或者先去控制不叫的那只狗，因为通常叫得越凶，咬得越不狠，而越是不声不响的，咬得越狠。

对于一只大狗将小狗当成猎物咬在嘴里猛甩不放的特殊情况，则需特殊处理。

（1）切忌强力将小狗从大狗嘴里拉出来，这样反而会造成严重的撕拉伤。要在大狗松嘴的瞬间将小狗拉出。

（2）不要尖叫，不要踢打大狗，那样会刺激它咬得更重。

（3）大狗主人根据自家狗狗的受训情况及现场的资源按以下顺序采取措施。

1）命令大狗"松嘴"。

2）把零食放在大狗鼻子前，引诱大狗，让其张嘴。

3）跨骑在大狗背上，一手抓住其项圈或者项部的皮毛，一手将一根棍子从其嘴角的缝隙中插入嘴中，转动棍子，等它刚一张嘴的时候，立即将小狗救出。

（4）一个人用打火机灼烧大狗的鼻子，另一个人抓住小狗的牵引绳或者身体，在大狗因为吃痛而张嘴的一瞬间，将小狗从大狗口中拉出。

将两只狗分开后，要等狗狗平静下来后再彻底地对狗狗做个全身检查，注意要拨开毛发观察皮肤，看是否有伤口，并根据情况进行处理。

结束语

CONCLUDING REMARKS

2014年初，我偶然开始帮助朋友章小姐救助一些流浪狗以及被弃养的狗。我的任务是在等待领养人的同时，临时养这些小可怜，并对它们的一些行为问题进行纠正，以提高领养的成功率。

在这个过程中，我一方面心疼地看到竟然有那么多的狗狗被主人无情地遗弃，另一方面很无奈地发现以我个人的力量去救助流浪狗，犹如杯水车薪。我开始思索社会上为什么会有那么多的狗狗被抛弃。我发现，狗狗流浪的原因虽然有很多，但有很大一部分是主人对狗狗缺乏了解。例如：只是因为觉得边牧接飞盘的样子很酷，就养了边牧，根本不了解这种精力超级旺盛的狗狗会给主人带来的各种麻烦以及主人需要付出的努力，等狗狗长大了，出现了问题才开始后悔；更多的则是由于主人不懂得如何教育狗狗，等狗狗出现随地大小便、不听召唤、搞破坏、甚至攻击行为等行为问题时，主人便将其抛弃；还有的主人盲目地宠爱狗狗，既不舍得给狗狗做绝育手术，又不舍得给它系上牵引绳，结果就在春秋季节造成大量发情的狗狗走失，成了流浪狗。

希望大家能逐渐意识到，养狗是一个需要慎重考虑的事情，狗狗是我们的家庭成员，既然养了它，就要不离不弃。同时，也希望所有的狗主人能理解，狗狗是需要主人教育的，爱它，就要懂它。如果主人能在狗狗进入家庭的时候就开始对它进行教育，那么绝大多数的行为问题都可以避免。也希望当您有意愿养狗时，可以用领养代替购买，给流浪的狗狗一个家。

但愿这本书能让更多的狗狗有个温暖有爱的家，让主人和狗狗的生活都能变得更加美好！

附录：参考及推荐书目

APPENDIX

参考书目

1.《狗狗心事：它和你想的大不一样》

作者：[英]简·费奈尔（Jan Fennell） 著，张鹤凌 译

出版社：京华出版社 出版时间：2010

2.《别跟狗争老大》

作者：[美]派特莉西亚·麦克康奈尔 著，白滨、杨睿 译

出版社：上海人民出版社 出版时间：2010

3. *The Culture Clash*

作者：[美]琼·唐纳森（Jean Donaldson）

出版社：James & Kenneth Publishers 出版时间：2005

4. *Fight!*

作者：[美]琼·唐纳森（Jean Donaldson）

出版社：不详　　　　　出版时间：2005

5. *Mine*

作者：[美]琼·唐纳森（Jean Donaldson）

出版社：不详　　　　　出版时间：2005

6. *Train Your Dog Like a Pro*

作者：[美]琼·唐纳森（Jean Donaldson）

出版社：Wiley Publishing, Inc.出版时间：2010

7. *Excel-Erated Learning*

作者：[加]帕梅尔·J.里德（Pamela J.Reid）

出版社：James & Kenneth Publishers 出版时间：1996

8. *After You Get Your Puppy*

作者：[美] 伊恩·邓巴博士（Dr.Ian Dunbar）

出版社：James & Kenneth Publishers 出版时间：2001

9. *How to Raise the Perfect Dog*

作者：[美] 西泽·米兰（Cesar Millan）

出版社：Three Rivers Press New York 出版时间：2009

推荐书目

1. *The Culture Clash*

作者：[美] 琼·唐纳森（Jean Donaldson）

出版社：James & Kenneth Publishers 出版时间：2005

这本1996年首次出版，2005年再版的经典训犬书，通过分析犬类文化和人类文化的差异，深入浅出地介绍了关于家犬各种常见行为的根源以及训练的方法。读完这本书，您会开始真正懂得您的爱犬，从而更好地跟它相处。

2. *Excel-Erated Learning*

作者：[加]帕梅尔·J.里德（Pamela J.Reid）

出版社：James & Kenneth Publishers 出版时间：1996

这本书非常详细地介绍了犬的学习原理。正如作者所介绍的，这是一本关于"为什么"的书。耐心读完这本书，您就可以运用书中所介绍的理论，自己创造训犬的方法，从而达到自由训犬的境界。